MATEMATICA A QUIZ

VOL. III

200 E PIÙ QUESITI

PER POTENZIARE LE **COMPETENZE**

E PREPARARSI ALLE **PROVE INVALSI**

ANDREA MACCO

Questo testo è stato stampato con caratteri ad alta leggibilità, secondo le linee guida nazionali per gli studenti con <u>Disturbi Specifici di Apprendimento</u> (DSA).

Copyright © 2019 Blue Monkey Studio
(pubblicato tramite la linea editoriale Zenith Books)

Tutti i diritti riservati

«La forza della scuola e dell'istruzione -
forse il baluardo più fragile ma al contempo più tenace contro la barbarie, di ieri e di oggi -
non è di essere un distributore a gettone di nozioni,
né un servizio a domanda individuale,
ma è quello di essere una palestra
di senso civico e di cittadinanza perché
in essa niente è "mio" perché tutto
è di tutti, e dunque anche mio.

Un popolo che mette tanta cura e passione
nell'istruzione dei bambini e dei ragazzi
non sarà mai conquistato,
perché la cultura e la memoria
vinceranno sempre sulle armi.»

Raffaele Mantegazza[*]

*A te, studente, che hai talenti, ambizioni e sogni,
che non ti arrendi a preoccupazioni e fatiche,
che credi in un futuro migliore e che,
di quel futuro, hai in mano le chiavi:*

*non perderle, non lasciartele portare via,
ma usale con competenza!*

---

[*] docente di pedagogia interculturale all'Università di Milano – Bicocca.

NON UNA PREFAZIONE, MA QUASI...

La costruzione di un item di un fascicolo di una prova INVALSI che verrà poi sottoposto a mezzo milioni di studenti è lunga e articolata perché le competenze necessarie per cesellarli coinvolgono molti settori disciplinari. Non conta solo l'argomento oggetto di riflessione, ma anche come viene proposto, in quale cornice, con quali metadati. Alla base dei raffinamenti linguistici e grafici, tuttavia, c'è sempre un'idea originale che la "macchina INVALSI" semplicemente raffina a partire dalle proposte degli autori che sono, in genere, persone entusiaste e colte. Sono qualità che appartengono ad Andrea Macco, docente che ho avuto modo di conoscere e frequentare non solo professionalmente, ma anche nel mondo del gioco che traspare da questa sua opera per lo spirito gioioso e coinvolgente che è la cifra di ogni capitolo.

I quesiti sono vari e originali e attingono alle diverse aree di riferimento (numeri; spazi e figure; relazioni e funzioni; misure, dati e previsioni) che caratterizzano le tassonomie didattico matematiche di ogni documento normativo (dalle indicazioni nazionali del primo ciclo di istruzione fino ai quadri di riferimento INVALSI e OCSE PISA).

L'opera si completa con strumenti di valutazione e di autovalutazione che sono essenziali per attivare circuiti virtuosi di riflessione e metariflessione dello studente verso le proprie competenze matematiche che non sono solo quelle legate alle conoscenze, ma anche quelle legate alle abilità e agli atteggiamenti. Questi ultimi, trascurati dalla letteratura ministeriale, sono una componente importante per la costruzione di motivazione verso una disciplina che non regala solo regole e strumenti per abitare il presente, ma anche strumenti di ragionamento e di decodifica del mondo reale.

Lo studente, direi quasi, in questo contesto, il giocatore, è quindi accompagnato in contesti dove le strategie risolutive non sono stereotipate, proceduralizzate, rigide, ma sono varie e creative. Attingono, naturalmente, al patrimonio di conoscenze di ciascuno, ma anche alle proprie inclinazioni e alle diverse possibili interferenze. L'uso di questi strumenti in classe è di una portata eccezionale, consentendo confronti ricchi e diversificati sui singoli quesiti, svegliando curiosità attive che, spesso, dalla ripetitività vengono sopite.

E allora prendiamo in mano quest'opera e... divertiamoci con la Matematica a Quiz.

Paolo Fasce[§]

[§] docente di Matematica applicata e informatica presso l'I.I.S.S. Einaudi Casaregis Galilei di Genova dove per tre anni è stato Animatore Digitale e per un anno Fiduciario con delega alla gestione delle tecnologie, docente TIC e Supervisore di Tirocinio all'Università di Genova nei corsi di specializzazione sul sostegno, nei Master su Autismo e Intercultura, autore di un libro sul Sudoku e per tre anni membro della Commissione INVALSI che ha curato il fascicolo di matematica dell'anno 10. Dottore di Ricerca con una tesi dal titolo "La matematica nella scuola delle competenze: aggiornamento degli insegnanti e ricaduta nella didattica con le tecnologie per la scuola 2.0".

PRIMA DI INIZIARE...

MATEMATICA A QUIZ – VOL. III

**200 e più quesiti
per potenziare le Competenze,
e prepararsi alle prove INVALSI**

Le soluzioni ai quesiti di questo testo sono riportate in un manuale di accompagnamento che può essere scaricato **gratuitamente,** in formato PDF, MOBI (per Kindle Amazon) e EPUB, al sito:

www.zenithbooks.eu

sezione "Strumenti & Risorse"

o richiesto al seguente indirizzo email:

zenith@bemystudio.com

CORREZIONE E VALUTAZIONE DELLE PROVE

CORREZIONE

Le soluzioni sono disponibili per gli insegnanti che ne facciano richiesta all'editore e costituiscono non un punto di arrivo, ma un punto di partenza su cui lavorare con il singolo studente e con l'intera classe. Infatti, il confronto tra pari o, per i quesiti più difficili, la discussione in gruppi o plenaria può costituire un ottimo modo per arrivare non solo alla soluzione corretta, ma pure alla sua *piena comprensione*[1].

VALUTAZIONE

Esistono diversi modi di valutare ognuna di queste prove, ne suggeriamo in particolare tre. In tutti, per ogni domanda di ogni quesito (item) viene attribuito un punteggio pari a 1 se la risposta è corretta, 0 se errata o in bianco.

- **Valutazione immediata mediante proporzione:** per ogni prova è indicato il numero totale di item: questo numero è il punteggio massimo raggiungibile. Impostando la proporzione:

    punti totalizzati : punteggio massimo = x : 10

    si ricava il voto x, in decimi:

    x = punti totalizzati · 10 : punteggio massimo

---

[1] Alla stessa soluzione corretta, talvolta, si può arrivare mediante percorsi e ragionamenti differenti. La valorizzazione di procedimenti differenti dal proprio è senz'altro da incentivare e va nell'ottica dello sviluppo delle competenze.

Vantaggi: calcolo semplice e immediato; si hanno anche i voti intermedi e non solo quelli interi (con le dovute approssimazioni sul valore ottenuto per x).

Svantaggi: non si tiene conto della difficoltà dei quesiti, della suddivisione in blocchi, né delle diverse aree tematiche. Non si valutano le competenze specifiche.

- **Valutazione mediante i blocchi di livello**, suggerita dall'INVALSI (Istituto Nazionale per la Valutazione del Sistema dell'Istruzione): per ogni quesito viene indicato il blocco di riferimento:

  blocco A, di colore bianco (quesiti base, solitamente volti a testare le conoscenze e le abilità);

  blocco B, di colore grigio (quesiti più avanzati, volti a testare le competenze).

  Al termine della correzione si sommano separatamente i punteggi dei due blocchi e si trasformano in punti mediante una apposita tabella. La somma dei punti ottenuti nei due blocchi fornisce il voto in centesimi (e, di conseguenza, in decimi).

  Vantaggi: la valutazione tiene conto della difficoltà degli esercizi e permette di ottenere una prima indicazione sulla preparazione: se si è ottenuto un punteggio alto nel blocco A ma basso in quello B occorre incrementare l'allenamento nei problemi e nelle applicazioni; viceversa un punteggio alto nel blocco B ma basso in quello A può indicare una buona competenza nel risolvere problemi ma una tendenza ad uno studio delle regole più approssimativo. Ovviamente queste considerazioni non sono una regola generale e occorre svolgere un attento esame caso per caso.

Svantaggi: la correzione è leggermente più elaborata, restituisce quasi sempre un voto intero e può, in certi casi, portare ad un livellamento della classe sui voti intermedi.

- **<u>Valutazione tramite rubrica delle competenze</u>**: è la valutazione che segue le nuove linee guida e si basa su un'analisi dei punteggi riportati in ognuno dei 4 nuclei tematici a cui afferiscono i quesiti di una prova:

**numeri;
spazio & figure;
relazioni & funzioni;
misure, dati & previsioni.**

Questo tipo di valutazione non restituisce una valutazione numerica, ma un livello di competenza secondo gli indicatori ministeriali[2].

Vantaggi: permette un'analisi approfondita su punti di forza e punti di debolezza del singolo studente e dell'intero gruppo classe. Offre una valutazione in linea con la certificazione europea delle competenze.

Svantaggi: la correzione è piuttosto elaborata e occorre un lavoro di analisi capillare. Non restituisce un voto numerico.

Nessun metodo è perfetto, ma ognuno può rispondere ad esigenze differenti. Utilizzare questi o altri metodi ancora [3] in alternanza può essere forse il modus operandi vincente, così da abituare gli studenti a differenti tipi di valutazione.

---

[2] Per questa valutazione l'insegnante deve seguire le indicazioni e le griglie di conversione presenti nel libretto delle soluzioni.

[3] Esempi:
- *metodo di attribuire un punteggio negativo alle domande errate*: si scoraggia il "tirare a caso", ma la semplice proporzione può essere molto penalizzante e può portare la media della classe su una votazione medio-bassa, occorrerà allora basarsi su una opportuna tabella di conversione punteggio-voto (anche non lineare);
- *metodo di attribuire la votazione massima (10) a chi ha ottenuto il punteggio più alto* e quindi scalare, ad esempio ogni 2 punti, di mezzo voto: metodo che funziona quando ci sono stati alcuni quesiti a cui nessuno della classe ha saputo rispondere correttamente (...come mai?) ma che può portare a sovrastimare l'effettivo livello di preparazione degli studenti.

Altre possibili strategie: correzione "incrociata" tra compagni di classe; svolgimento di qualche prova in coppia per favorire la collaborazione tra pari e l'auto-correzione.

ATTENZIONE!

Il primo test di questo libro non prevede una valutazione vera e propria, ma costituisce un "primo allenamento" per testare la capacità di attenzione e di concentrazione, oltre che per riprendere qualche competenza base di ingresso dalla Classe Seconda.

Le altre 6 prove, invece, saranno strutturate in modo tale da permettere di applicare le valutazioni esposte.

Anche l'ultima prova, che raccoglie 13 tra i più difficili quiz proposti negli anni nelle prove INVALSI ufficiali, risulta fuori da questi schemi docimologici valutativi; è infatti da considerare una prova a sé stante, per le eccellenze ma non solo: può anche essere vista come una prova sfidante per l'intera classe.

PROVA ZERO: TEST DI ATTENZIONE

TEMPO A DISPOSIZIONE: 35 MINUTI   ITEMS: 25

1) Osserva le seguenti sequenze verticali di 6 linee, dette "esagrammi" e stabilisci se ce ne è una da scartare in quanto differente dalle altre.

    ☐ A. Vi è un esagramma da scartare in quanto ha una linea tratteggiata in meno.

    ☐ B. Vi è un esagramma da scartare in quanto ha una linea tratteggiata nella riga superiore.

    ☐ C. Vi è un esagramma da scartare in quanto ha una linea tratteggiata in più.

    ☐ D. Non vi è alcun esagramma da scartare.

2) Quale affermazione non si riferisce al rettangolo?

    ☐ A. È un parallelogramma.

    ☐ B. Ha le diagonali che si incontrano nel loro punto medio.

    ☐ C. È equiangolo.

    ☐ D. È regolare.

PROVA ZERO

3) Considera questa frase:

   Il numero 100 contiene una centinaia,
   oppure si può dire che ci sono 10 decine,
   oppure ancora 100 unità.

   Quante "c" si sono pronunciate nel leggerla per intero?
   - ☐ A. 5.
   - ☐ B. 6.
   - ☐ C. 8.
   - ☐ D. 9.

4) Quale tra queste frazioni è - senza fare conti, a colpo d'occhio - la maggiore?
   - ☐ A. $\frac{5}{6}$
   - ☐ B. $\frac{6}{5}$
   - ☐ C. $\frac{3}{6}$
   - ☐ D. $\frac{1}{3}$

5) Riferendosi a uno stesso numero naturale n, quale di queste quantità è più grande?
   - ☐ A. Il doppio del suo quadrato.
   - ☐ B. Il quadruplo della sua radice quadrata.
   - ☐ C. Il quadrato del suo doppio.
   - ☐ D. Il triplo della sua radice cubica.

6) La massa in grammi (comunemente detta "peso") della matita che vedi in figura a quale di questi valori si avvicina di più?

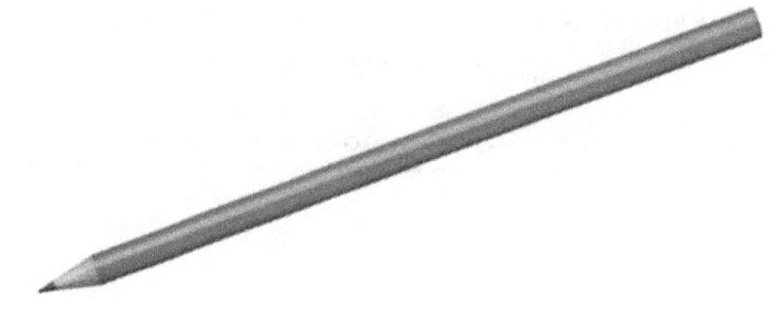

☐ A. 7 g.
☐ B. 70 g.
☐ C. 200 g.
☐ D. 700 g.

7) Guarda il cartello:

B8BB88BBB888B8B

Quale di questi non corrisponde al cartello originale?

☐ A. B8BB88BBB888B8B

☐ B. B8BB88BBB888B8B

☐ C. B8BB88BBB888B8B

☐ D. B8BB88BBB8B8B8B

☐ E. B8BB88BBB888B8B

8) Se "Tutti i compagni sono amici di Cristina" è una affermazione falsa allora ...

  - ☐ A. Cristina non ha amici nella classe.
  - ☐ B. Cristina ha solo una amica.
  - ☐ C. Cristina è amica solo di alcuni della classe.
  - ☐ D. Cristina è amica con metà della classe.
  - ☐ E. Non si può stabilire nulla su quante amiche possa avere Cristina nella classe.

9) Quale di queste figure corrisponde alla descrizione a parole: "Quadrilatero con le diagonali disuguali ma che si incontrano nel loro punto medio"?

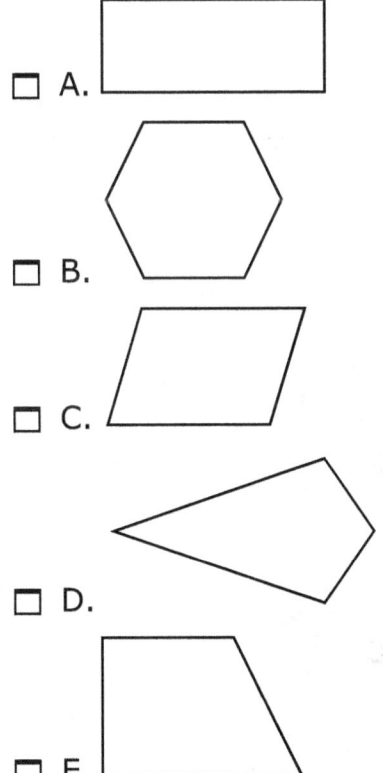

10) Considera questa disuguaglianza:

$$\frac{x}{3} > 8$$

A quale di queste altre essa è equivalente?

☐ A. x < 5

☐ B. x < 24

☐ C. x > 8/3

☐ D. x > 5

☐ E. x > 24

11) Osserva questa sequenza:

   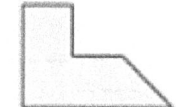 

Quale poligono può andare al posto del punto interrogativo finale?

☐ A.

☐ C.

☐ B.

☐ D.

12) Considera il solido in figura:

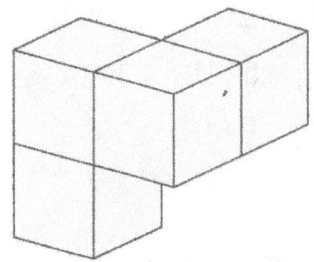

Se esso viene ruotato, quale di queste figure rappresenta ancora il solido di partenza?

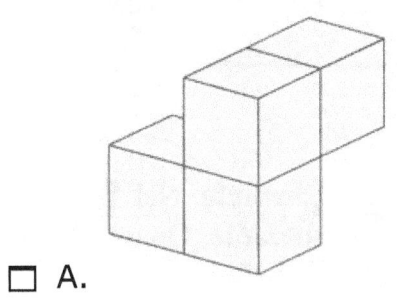

☐ A.

☐ C.

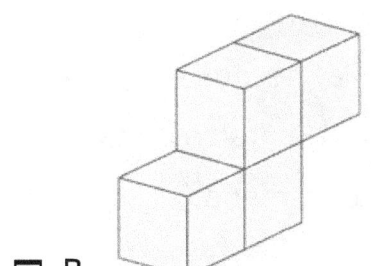

☐ B.

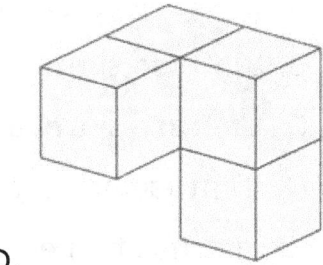

☐ D.

13) Considera il precedente del cubo del numero due. Quindi aggiungi la metà del doppio di tre. Che numero ottieni?

Risposta: ____.

PROVA ZERO

14) Quale gruppo di numeri è correttamente ordinato in senso decrescete?

 □ A. 10011; 10110; 11001; 11100.

 □ B. 10110; 10011; 11100; 11001.

 □ C. 11001; 11100; 10110; 10011.

 □ D. 11100; 11001; 10110; 10011.

15) Tra le seguenti figura ce ne è una che un "intruso".

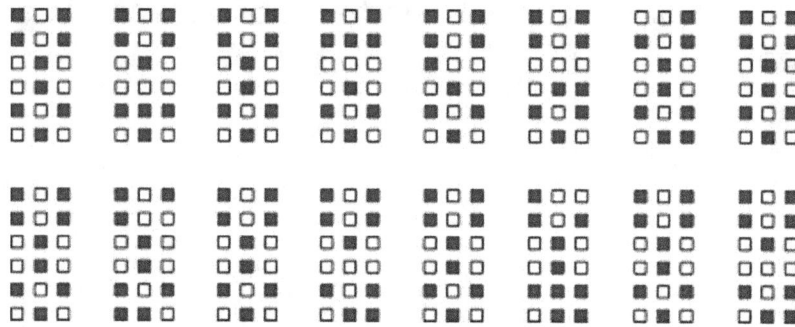

Quale frase descrive correttamente l'intruso?

 □ A. L'intruso ha un quadratino pieno in meno.

 □ B. L'intruso si trova nella seconda fila, seconda colonna.

 □ C. L'intruso si trova nella prima riga, quinta colonna.

 □ D. L'intruso ha un quadratino bianco in meno.

 □ E. L'intruso non esiste.

16) Quale tra le seguenti espressioni restituisce la corretta scomposizione in fattori primi di 1080?

 □ A. $1080 = 8 \cdot 27 \cdot 5$

 □ B. $1080 = 2 \cdot 4 \cdot 3 \cdot 9 \cdot 5$

 □ C. $1080 = 2^3 \cdot 3^3 \cdot 5$

 □ D. $1080 = 2^2 \cdot 3^2 \cdot 6 \cdot 5$

17) Si consideri vero questo pensiero:

   Tutti gli avvocati sono prolissi. Paolo ama il mare. Tutte le persone che amano il mare sono prolisse.

   Quale di queste affermazioni è allora necessariamente vera?

   ☐ A. Paolo è un avvocato.
   ☐ B. Tutte le persone prolisse sono avvocati.
   ☐ C. Tutti gli avvocati amano il mare.
   ☐ D. Paolo è prolisso.
   ☐ E. Tutte le precedenti affermazioni sono false.

18) Lucio è in coda all'ufficio postale dove è in funzione un solo sportello. Ha il n. 27 ed è il penultimo della fila. In questo momento stanno servendo il numero 19. Escludendo quest'ultima persona, quante persone sono in coda?

   Risposta: _____ persone.

19) Quale dei seguenti sviluppi forma un cubo quando viene piegato?

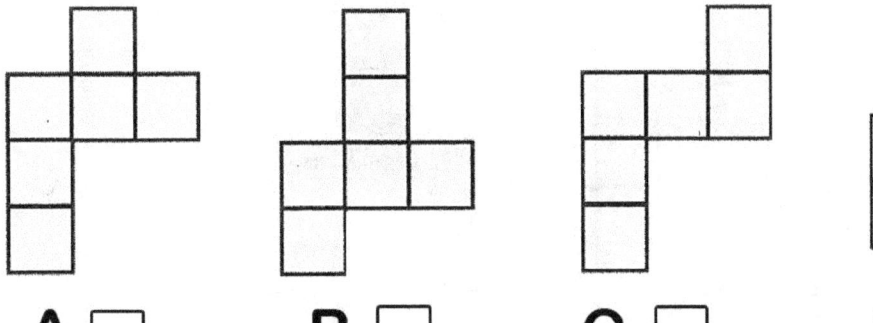

20) Considera la seguente sequenza:

D		B	A	D	B	C	D	A

Partendo dalla lettera C e indietreggiando di due caselle e poi avanzando di una si trova ...

☐ A. la lettera A.

☐ B. la lettera C.

☐ C. la lettera D.

☐ D. la lettera B.

21) In tabella sono state raccolte le temperature registrate durante una giornata in differenti orari:

Ora	6:00	9:00	12:00	15:00	18:00
Temperatura	12	17	14	18	15

Quale tra i seguenti potrebbe essere il grafico relativo ai dati della tabella?

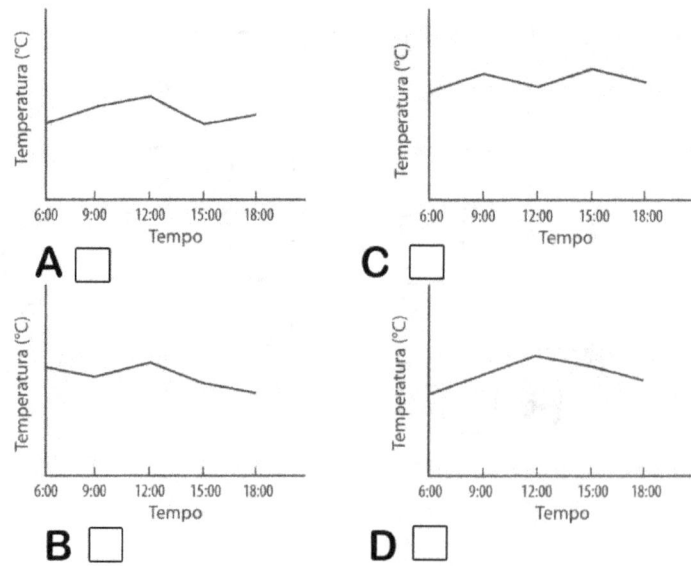

A ☐

C ☐

B ☐

D ☐

PROVA ZERO

22) Il numero $2{,}5 \cdot 10^6$ è...

    ☐ A. ...compreso tra 24 migliaia e 26 migliaia.

    ☐ B. ...compreso tra 24 miliardi e 26 miliardi.

    ☐ C. ...compreso tra 2 milioni e 3 milioni.

    ☐ D. ...compreso tra 20 milioni e 30 milioni.

23) Il numero 1 è maggiore di ½ di 1 volta. Di quante volte il numero 4 è maggiore di ½?

    Risposta: di _____ volte.

24) Un negozio riporta questo cartello:

> **ORARIO DI APERTURA:**
> DALLE 8.30 ALLE 13
> DALLE 14.30 ALLE 19.30
> APERTO TUTTI I GIORNI TRANNE LA DOMENICA
> CHIUSO IL LUNEDÌ MATTINA.

Quante ore è aperto il negozio di lunedì?

    ☐ A. 5 ore.

    ☐ B. 9 ore.

    ☐ C. 4 ore e 30 minuti.

    ☐ D. 8 ore.

    ☐ E. È chiuso.

PROVA ZERO

25) Si vuole costruire un rettangolo con alcuni stuzzicadenti, tutti della stessa lunghezza. Quanti stuzzicadenti occorrono, come minimo, se il rettangolo ha le dimensioni una il triplo dell'altra? (Gli stuzzicadenti non possono sovrapporsi).

Risposta: _____ stuzzicadenti.

TEST ULTIMATO. HAI EVITATO I TRABOCCHETTI?

SE HAI ANCORA TEMPO, RICONTROLLA LE RISPOSTE!

AUTOVALUTAZIONE

Gli esercizi della prova erano:

☐ semplici;   ☐ della giusta difficoltà;   ☐ impegnativi.

Ho trovato maggiori difficoltà (anche più risposte):

☐ nella comprensione del testo;

☐ nell'esecuzione dei calcoli;

☐ nel sapere che formule/regole usare;

☐ nella presenza di trappole e tranelli;

☐ nel tempo a disposizione.

Oppure:

☐ non ho riscontrato alcuna difficoltà.

VALUTAZIONE

PROVA A

PROVA A*

TEMPO A DISPOSIZIONE: 60 MINUTI   ITEMS: 28

A1) Considera un orologio avente il quadrante di 12 ore. Qual è l'ampiezza dell'angolo descritto dalle lancette dei minuti nel passare dalle 12:00 alle 12:25?

☐ A. 120°
☐ B. 180°
☐ C. 160°
☐ D. 150°

PUNTEGGIO:

A2) Quale deve essere il valore di ◊ per rendere l'uguaglianza vera?

$$9 \cdot ◊ = 10 \cdot ◊ - ◊$$

☐ A. 7
☐ B. 8
☐ C. L'uguaglianza non è mai verificata.
☐ D. L'uguaglianza è sempre verificata.

PUNTEGGIO:

A3) Quizzetto logico: *scrivi il numero successivo che prosegue la serie!*

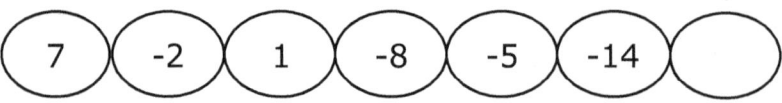

PUNTEGGIO:

---

* Può essere svolta nel 1° Quadrimestre.

PROVA A

A4) Questa è la carta politica degli Stati Uniti d'America.

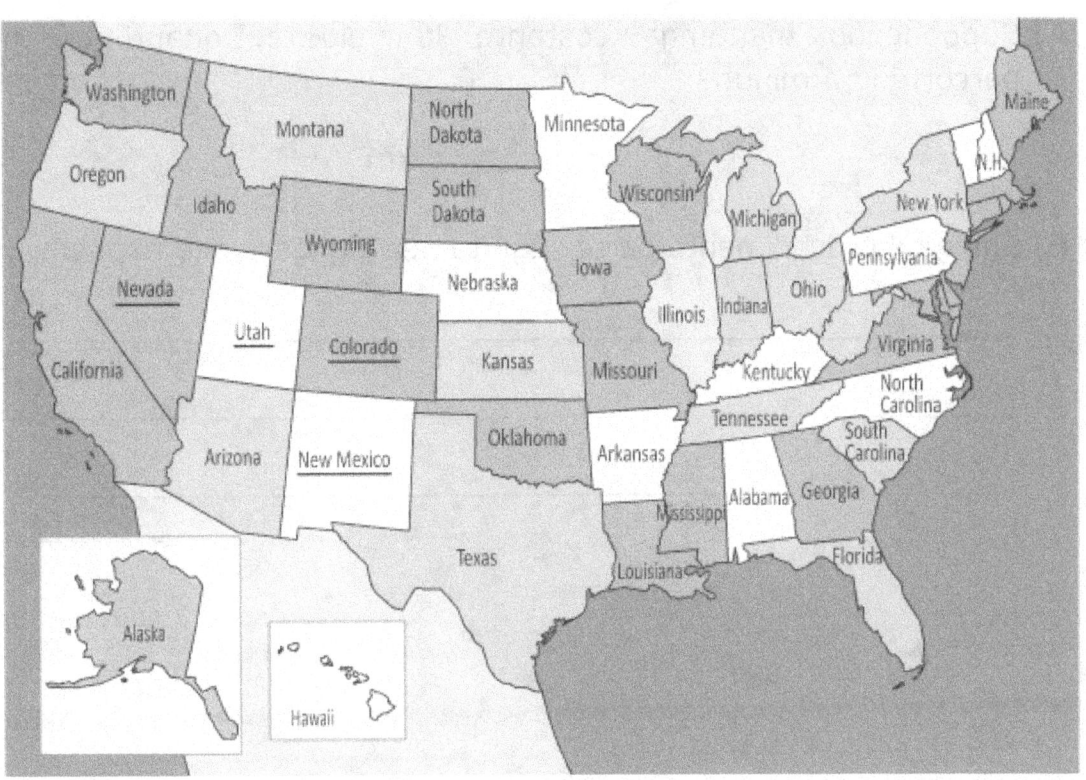

A) Quale, tra i seguenti stati dell'Ovest, ha la forma di un esagono?

- ☐ A. Colorado
- ☐ B. Utah
- ☐ C. Nevada
- ☐ D. New Mexico

B) Tre Stati risultano pressoché equivalenti in termini di superficie. Quali potrebbero essere?

- ☐ A. California, Oregon e Kansas.
- ☐ B. Ohio, Alabama e New Mexico.
- ☐ C. Arizona, Nevada, Colorado.
- ☐ D. Texas, Missouri, Wyoming.

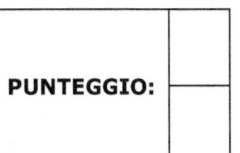

PROVA A

A5) Agostino possiede un vecchio motorino. Riesce a fare 6 km in 12 minuti.

   A) Supponendo mantenga costante la velocità, quanti chilometri percorre in 4 minuti?

   Risposta: _____ km.

   B) Spiega il procedimento da te seguito per giungere alla risposta:

   _____

   _____

   _____

   PUNTEGGIO:

A6) Andrea, Christian, Federico e Luca abitano nello stesso quartiere e stanno conducendo un'indagine statistica sul numero di veicoli che transitano in una delle vie principali della loro zona.

   In un'ora hanno raccolto questi dati:

Tipo di veicolo	Numero
Automobile	60
Bicicletta	30
Autobus	10
Camion	20

PROVA A

Ognuno dei quattro studenti ha realizzato un grafico per rappresentare i dati raccolti, ma qualcuno potrebbe aver commesso qualche imprecisione...

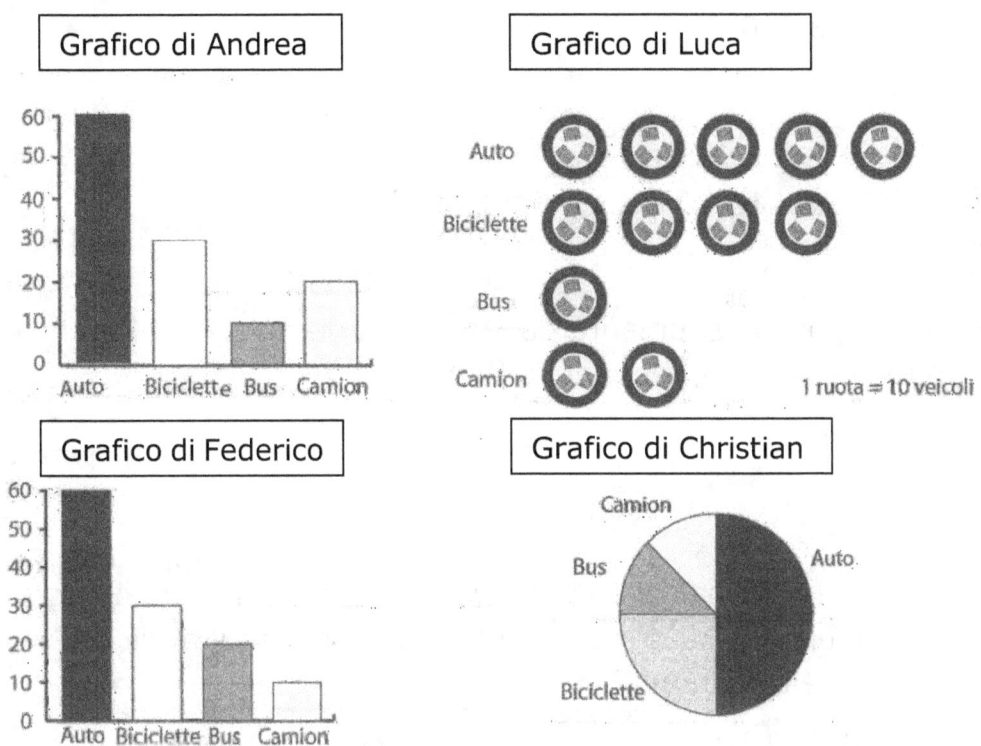

A) Quale o quali grafici rappresentano correttamente i dati raccolti?

☐ A. Solo il grafico di Andrea.
☐ B. I grafici di Andrea e Federico.
☐ C. Solo il grafico di Christian.
☐ D. I grafici di Luca e Christian.

B) Qual è il dato modale di questa indagine?

Moda = _____

C) Qual è la percentuale di biciclette passate in un'ora?

☐ A. 15%   ☐ B. 20%   ☐ C. 25%   ☐ D. 30%

PUNTEGGIO:

PROVA A

A7) Mediamente in una giornata respiriamo 25.000 volte. Quale tra questi numeri rappresenta l'ordine di grandezza dei respiri fatti in una settimana?

☐ A. $1,8 \cdot 10^5$.

☐ B. $1,8 \cdot 10^6$.

☐ C. $18 \cdot 10^3$.

☐ D. $175 \cdot 10^4$.

PUNTEGGIO:

A8) Da una bottiglia di spumante da 1,5 litri si riempiono 10 bicchieri da 1,2 dl. Quanto spumante resta nella bottiglia?

Risposta: _____

PUNTEGGIO:

A9) Tracciando le diagonali di un parallelogramma si formano 4 angoli. Filippo ne misura uno col suo goniometro ed esso risulta di 137°. Quanto misurano gli altri 3 angoli?

☐ A. 43°; 137°; 43°.

☐ B. Tutti 137°.

☐ C. 47°; 47°; 129°.

☐ D. È impossibile stabilirlo avendo misurato un solo angolo.

PUNTEGGIO:

A10) Completa con il numero mancante:

$$0,15 : \underline{} = 30.$$

PUNTEGGIO:

PROVA A

A11) Osserva bene questa figura.

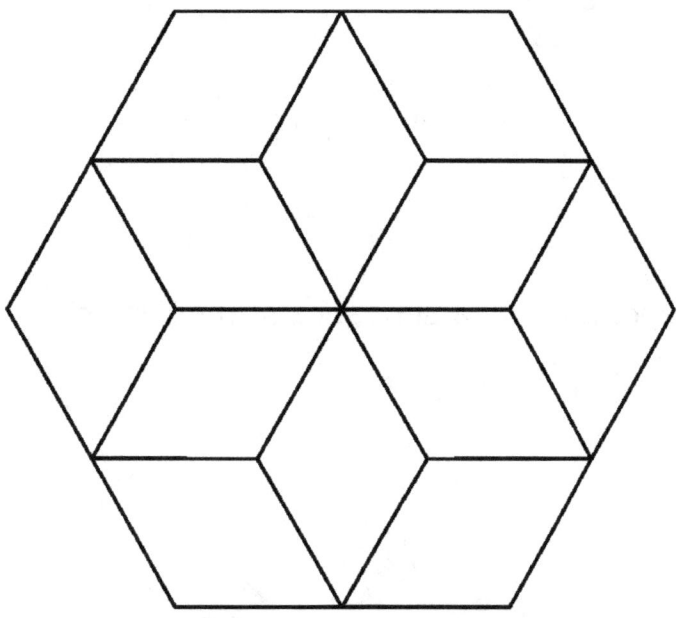

A) Quanti esagoni regolari e rombi vi puoi individuare?

☐ A. 12 esagoni, 7 rombi.

☐ B. 6 esagoni, 6 rombi.

☐ C. 7 esagoni, 12 rombi.

☐ D. 3 esagoni, 12 rombi.

B) Quanti cubi vi puoi individuare?

☐ A. 3.

☐ B. 4.

☐ C. 6.

☐ D. 12.

PUNTEGGIO:

PROVA A

A12) Inserisci + o – in ogni casella in modo che il risultato dell'espressione sia il più alto possibile.

-5 ☐ -6 ☐ 3 ☐ -9 =

PUNTEGGIO:

A13) Nella figura vedi Blue, una simpatica scimmietta che tiene in mano una Coppa.

Sapendo che il disegno è realizzato in scala 1:12 quanto potrebbe essere approssimativamente la reale altezza della coppa?

☐ A. 20 cm.
☐ B. 40 cm.
☐ C. 60 cm.
☐ D. 1 m.

PUNTEGGIO:

PROVA A

A14) Nella figura, dal punto A sono state tracciate le rette tangenti alla circonferenza di centro C. I punti B e D sono i punti di tangenza.

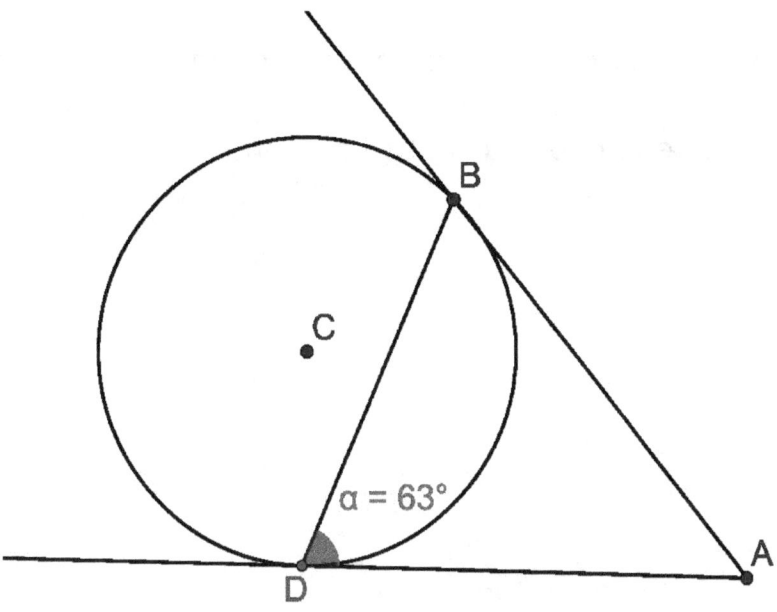

A) Sapendo che l'angolo ADB misura 63°, quanto vale l'ampiezza dell'angolo DAB?

Risposta: _____

B) Scrivi i calcoli che hai fatto per trovare il risultato:

_____

_____

_____

PUNTEGGIO:

31

A15) Cecilia si sta cimentando con una nuova ricetta per realizzare una torta alle mandorle. Legge che con 1,5 hg di zucchero occorrono 4,5 hg di farina e 80 g di mandorle.

A) Cecilia vuole usare 7,5 hg di farina e dunque deve variare anche la quantità di zucchero. Quale di questi grafici le consente di leggere correttamente la risposta senza fare conti?

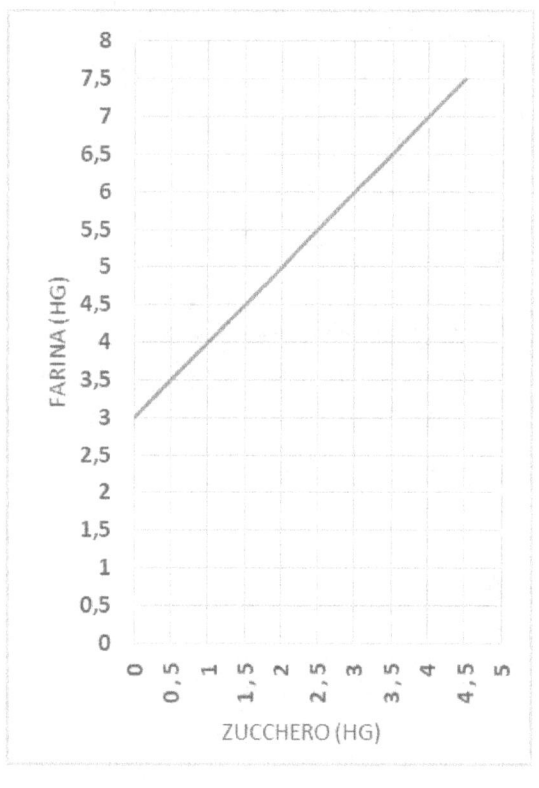 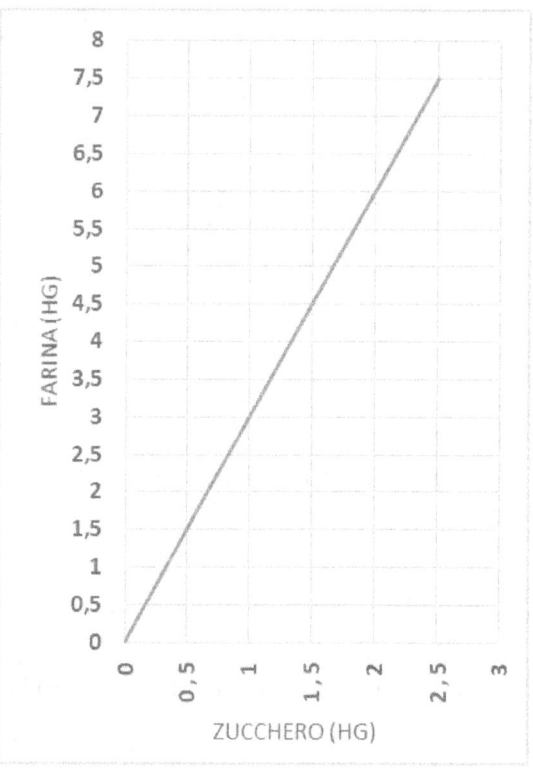

☐ A. ☐ B.

PROVA A

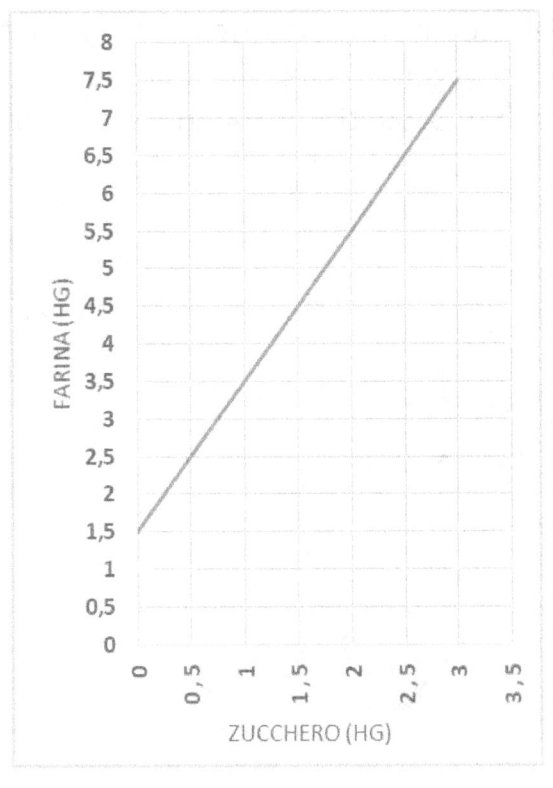
☐ C.

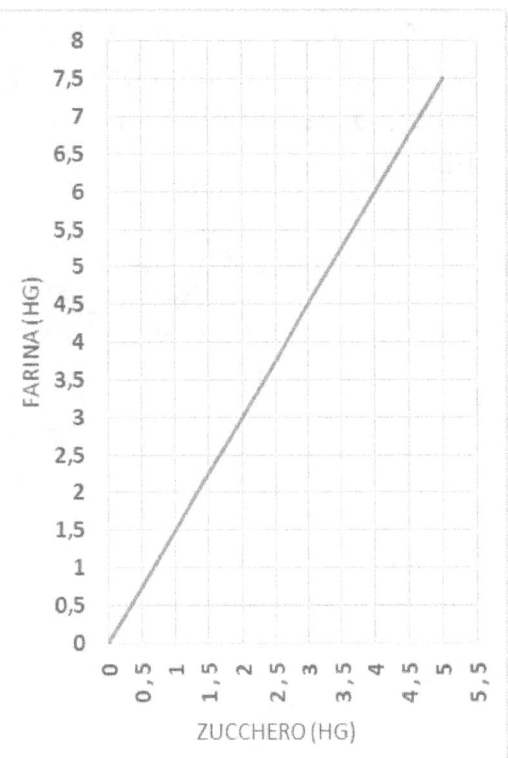
☐ D.

B) Cecilia deve aggiungere le mandorle e si accorge che ha finito le sue scorte. Manda allora il fratello Francesco a comperarle. Quale pacchetto deve prendere Francesco affinché le mandorle siano sufficienti e, al contempo, ne avanzino meno possibile? (Cecilia ha usato 7,5 hg di farina).

☐ A. pacchetto da 80 g.
☐ B. pacchetto da 120 g.
☐ C. pacchetto da 150 g.
☐ D. pacchetto da 220 g.

PUNTEGGIO:

A16) Marco vuole installare dei pannelli solari sul tetto del suo box auto. La superficie su cui poggeranno i pannelli deve essere inclinata per ricevere i raggi del sole nel modo più efficace. Il progetto di Marco è schematizzato nella figura.

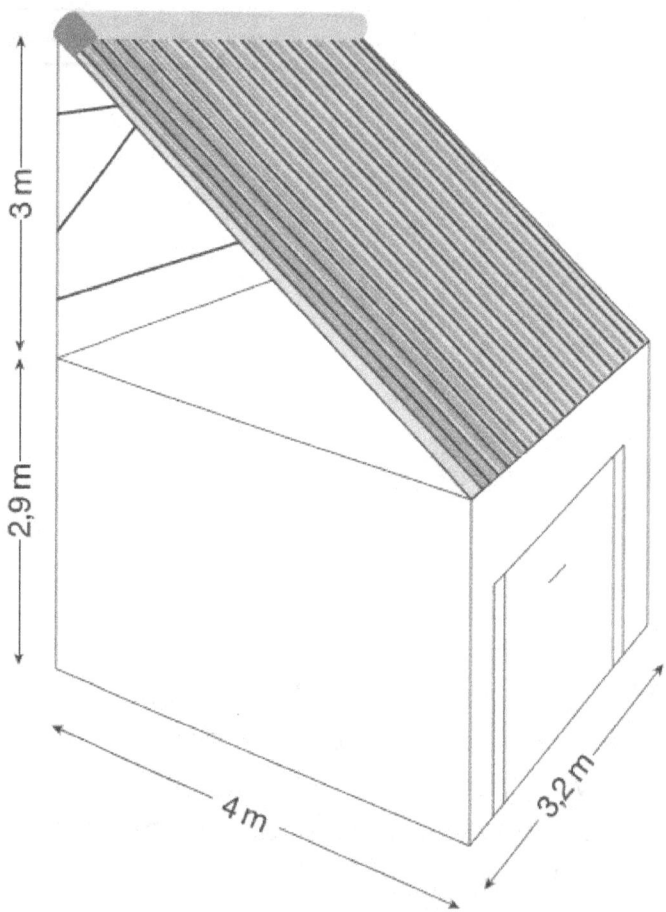

A) La superficie che misura i pannelli solari misura

    ☐ A. 12 m².

    ☐ B. 12,8 m².

    ☐ C. 16 m².

    ☐ D. 16,4 m².

PROVA A

B) Scrivi i calcoli che hai fatto per trovare la risposta.

_____

_____

_____

PUNTEGGIO:

A17) In questa tabella riguardanti due grandezze x e y tra loro in relazione costante, manca un dato.

X	5	4	2,5	2	0,5
Y	10	12,5	20	25	

A) Completa la tabella con il dato mancante.

B) Di che proporzionalità si tratta?

☐ Proporzionalità diretta, in quanto _____

_____

☐ Proporzionalità inversa, in quanto _____

_____

☐ Altro tipo di proporzionalità, in quanto _____

_____

PUNTEGGIO:

A18) Le Nazioni Unite hanno pubblicato nel 2016 un rapporto ("Global Trends in Renewable Energy Investment") in cui compaiono una serie di grafici relativi allo sviluppo delle energie rinnovabili in alcuni dei principali Paesi più industrializzati del mondo. Sono qui riportati i grafici relativi all'energia fotovoltaica (figura 16) e a quella eolica (figura 24).

A) Stabilisci per ognuna delle affermazioni in tabella se è vera oppure falsa.

Affermazione	V	F
La Cina è la nazione con la maggior produzione di energia eolica e fotovoltaica.		
La Germania produce molta più energia con il fotovoltaico che con l'eolico.		
La produzione complessiva dell'Italia (eolico+fotovoltaico) supera i 40 Gigawatt		
L'india produce più energia eolica che fotovoltaica.		

B) Quale è il significato da attribuire ai numeri in cima ad ogni barra dell'istogramma? (Ad esempio, per la Cina, nel primo grafico, +15.2)

☐ A. Si tratta della previsione di aumento della produzione di energia per i prossimi 10 anni;

☐ B. Si tratta dell'aumento percentuale di produzione avvenuto nell'ultimo anno;

☐ C. Si tratta dell'aumento assoluto di produzione avvenuto nell'ultimo anno;

☐ D. Si tratta della quota finanziata dalle Nazioni Unite per l'ultimo anno.

Figure 16. Solar PV Capacity and Additions, Top 10 Countries, 2015

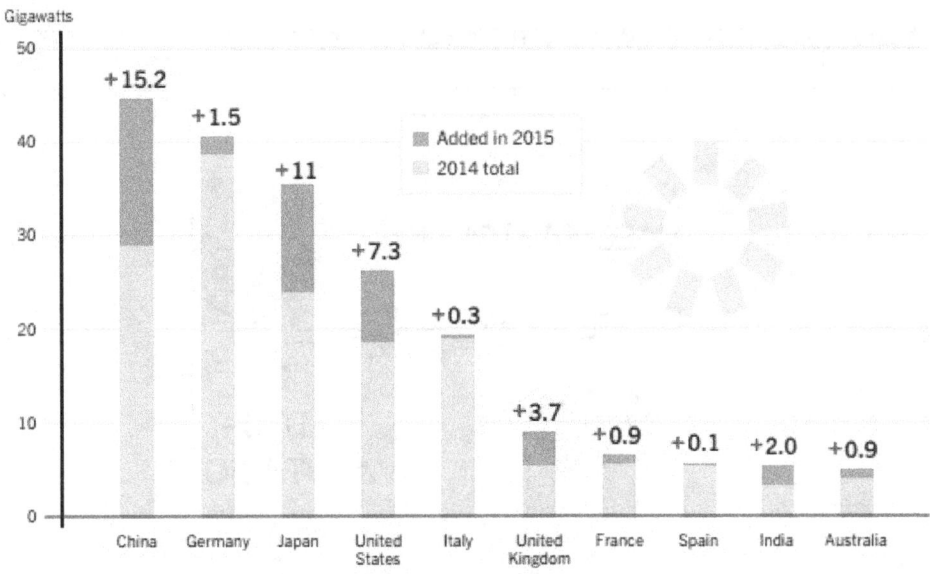

Figure 24. Wind Power Capacity and Additions, Top 10 Countries, 2015

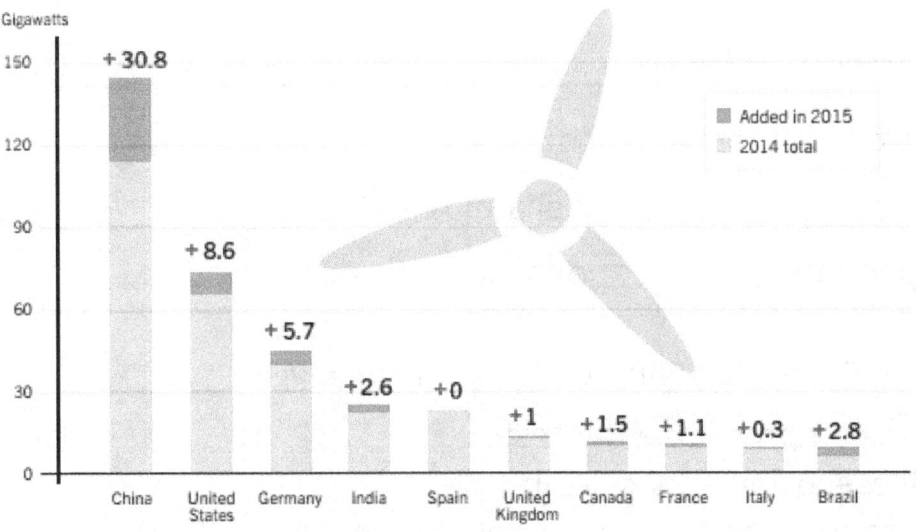

PROVA A

HAI TERMINATO LA PROVA!

SE HAI ANCORA DEL TEMPO, RILEGGI E RIGUARDA I QUESITI...

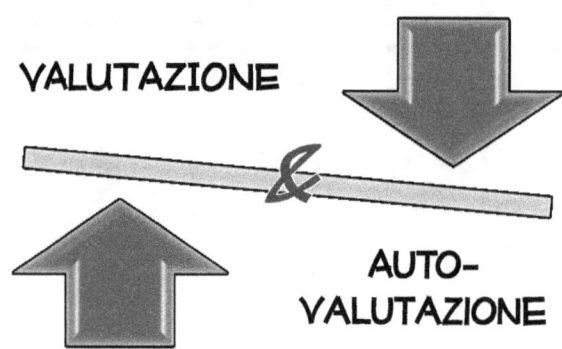

Da compilare <u>prima</u> della correzione e della valutazione!

AUTOVALUTAZIONE

Gli esercizi della prova erano:

☐ semplici;   ☐ della giusta difficoltà;

☐ impegnativi;   ☐ difficili.

Ho trovato maggiori difficoltà (anche più risposte):

☐ nella comprensione del testo;
☐ nell'esecuzione dei calcoli;
☐ nel sapere che formule/regole usare;
☐ nel tempo a disposizione.

PROVA A

Credo di aver fatto meglio gli esercizi (anche più risposte):

- ☐ di calcolo numerico;
- ☐ di geometria;
- ☐ di logica, ragionamento e intuizione (problemi);
- ☐ relativi a grafici, tabelle, previsioni ed equivalenze.

Ho trovato particolarmente belli e/o originali e/o divertenti gli esercizi:

_____

_____

* * *

VALUTAZIONE 1:

VALUTAZIONE 2:

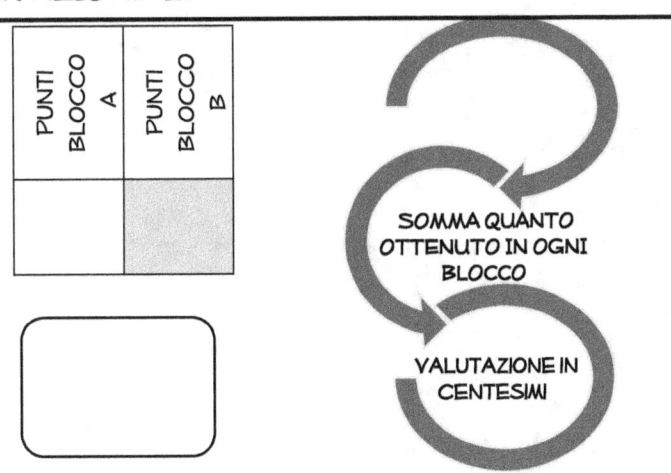

BLOCCO A	CONVERSIONE
0	0
DA 1 A 4	20
DA 5 A 8	30
DA 9 A 12	40
DA 13 A 15	50
16 O 17	60
BLOCCO B	CONVERSIONE
0	0
DA 1 A 3	5
4 O 5	10
6 O 7	20
8 O 9	30
10 O 11	40

PROVA A

VALUTAZIONE 3: COMPETENZE

NUCLEO TEMATICO	QUESITI AFFERENTI	PUNTI TOTALIZZATI	LIVELLO RAGGIUNTO
NUMERI	A2, A7, A10, A12.	/4	
SPAZIO & FIGURE	A1, A4, A9, A11, A14, A16.	/10	
RELAZIONI & FUNZIONI	A3, A5, A15, A17.	/7	
MISURE, DATI & PREVISIONI	A6, A8, A13, A18.	/7	

Livelli: iniziale, base, intermedio, avanzato.

PROVA B*

TEMPO A DISPOSIZIONE: 60 MINUTI   ITEMS: 28

B1) Osserva la seguente sequenza di figure:

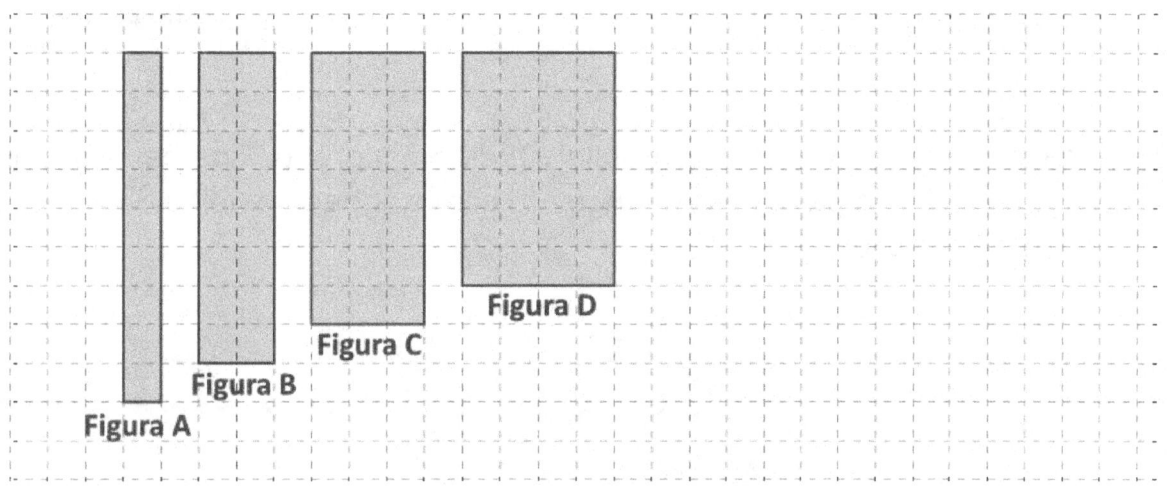

A) Disegna accanto alla Figura D, nello spazio quadrettato, la figura successiva della sequenza.

B) Quale tra le seguenti affermazioni è vera?

☐ A. Le aree delle figure restano sempre uguali

☐ B. Le aree delle figure raddoppiano a ogni passaggio.

☐ C. I perimetri delle figure restano sempre uguali.

☐ D. I perimetri delle figure aumentano a ogni passaggio.

PUNTEGGIO:

---

* Può essere svolta nel 1° Quadrimestre.

PROVA B

B2) Giorgia sfida Veronica con questo piccolo quizzetto: *"Qual è il numero i cui cinque ottavi corrispondono a 120?"*

Quale risposta deve dare Veronica?

☐ A. 192

☐ B. 75

☐ C. 320

☐ D. 168

PUNTEGGIO:

B3) Il papà di Alessandro fa il contabile! Questo è il grafico che ha realizzato a riguardo dell'impego dei soldi ricevuti con lo stipendio dell'ultimo mese, pari a 1600 euro.

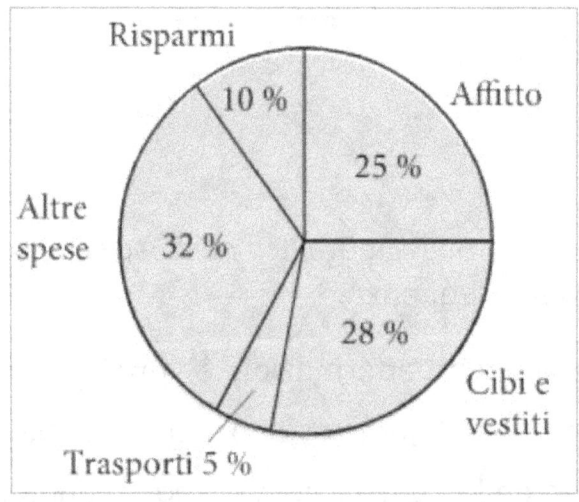

Quanto ha speso per i trasporti nell'ultimo mese il papà di Alessandro?

Risposta: _____ euro.

PUNTEGGIO:

PROVA B

B4) Dario si trova (pericolosamente) sul bordo di una scogliera... Come in figura.

Con i dati a disposizione, sai dire quanto è alta la scogliera rispetto al mare?

☐ A. Sì, è alta circa 21 metri.

☐ B. Sì, è alta circa 18 metri.

☐ C. Sì, è alta circa 11 metri.

☐ D. No, non è possibile stabilirlo.

PUNTEGGIO:

PROVA B

B5) Considera le seguenti figure, ottenute accostando triangoli tra loro tutti congruenti:

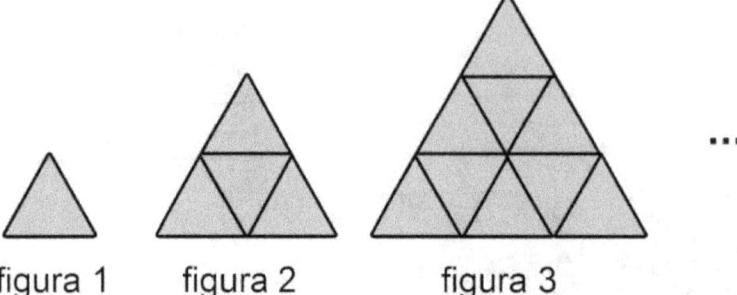

figura 1   figura 2   figura 3

A) Da quanti triangoli sarà composta la figura n.12 di questa sequenza?

☐ A. 12

☐ B. 108

☐ C. 120

☐ D. 144

B) Spiega qual è la regola che ti ha permesso di arrivare alla soluzione.

_____

_____

PUNTEGGIO:

B6) Quanto vale x in questa uguaglianza?

$$\frac{12}{x} = -\frac{36}{21}$$

Risposta: x = _____

PUNTEGGIO:

44

PROVA B

B7) Quanti assi di simmetria presenta il cartello stradale che indica "dare precedenza"?

☐ A. 1

☐ B. 2

☐ C. 3

☐ D. Nessuno.

PUNTEGGIO:

B8) Luca è un bravo e promettente giocatore di calcio. Dopo 5 gare ha una media di 1,8 goal a partita.

A) Se vuole che la media goal salga a 2, quanti goal deve fare Luca nella prossima partita?

☐ A. 2

☐ B. 3

☐ C. 4

☐ D. 5

B) Riporta il conto che hai fatto per giungere al risultato:

_____

_____

PUNTEGGIO:

PROVA B

B9) Considera le uguaglianze in tabella e per ognuna stabilisci se è vera oppure falsa.

	Uguaglianza	V	F
A	$(-4)^2 = 8$	☐	☐
B	$(+1)^3 = -1$	☐	☐
C	$(-2)^0 = -1$	☐	☐
D	$-2^2 = 4$	☐	☐

PUNTEGGIO:

B10) Angelica sta pianificando il viaggio per andare alle finali dei giochi Logici a Modena. Ecco la mappa che sta consultando.

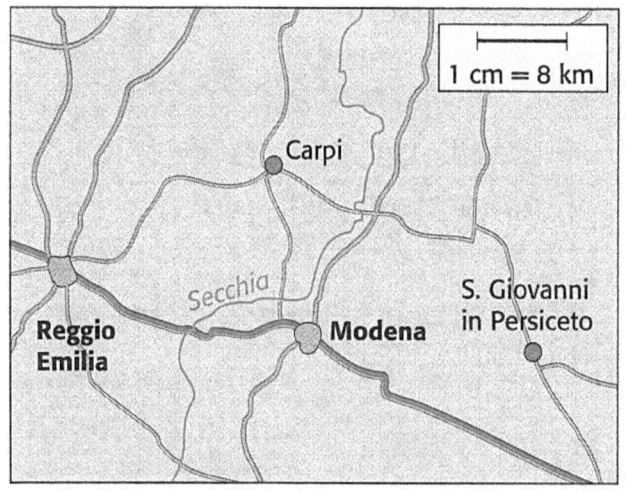

La sua amica Sara, già che c'è, vorrebbe andare a Carpi, ma prima vogliono anche passare da San Giovanni in Persiceto a salutare la loro coppia di amici, Alessandra e Giuseppe.

Quanto distano, all'incirca, Carpi e S. Giovanni in Persiceto?

☐ A. 4 km.

☐ B. 18 km.

☐ C. 32 km.

☐ D. 40 km.

PUNTEGGIO:

PROVA B

B11) Nella classe di Arianna si è aperto un dibattito in merito ai poligoni che si possono inscrivere e circoscrivere rispetto una circonferenza. Queste le opinioni di alcuni studenti:

Diego: *"I rombi si possono sempre inscrivere in una circonferenza, ma mai circoscrivere."*

Martina: *"I rettangoli si possono sempre inscrivere in una circonferenza, ma non circoscrivere a meno che non diventino quadrati."*

Arianna: *"I triangoli si possono sempre inscrivere ma si possono circoscrivere solo se sono equilateri".*

Gianluca: *"I parallelogrammi si possono sempre circoscrivere ad una circonferenza, ma mai inscrivere."*

Chi di essi ha ragione?

- ☐ A. Tutti e quattro.
- ☐ B. Diego e Gianluca.
- ☐ C. Martina e Arianna.
- ☐ D. Solo Martina.

B12) Si fa un test di un lotto di 3000 lampadine: ne vengono scelte a caso 100 e si vede quante sono funzionanti e quante difettose.

Se nel test in esame venissero trovate 6 lampadine difettose, quante lampadine difettose si dovrebbero all'incirca trovare nell'intero lotto?

- ☐ A. 18
- ☐ B. 60
- ☐ C. 180
- ☐ D. 320

PROVA B

B13) In tabella sono state registrate le temperature massime e minime di alcune capitali europee.

Città	Min	Max
Helsinki	-14	6
Oslo	-16	0
Vilnius	-11	-1
Copenaghen	-4	8
Bucarest	-1	10
Parigi	0	7
Roma	5	15
Tirana	8	10
Skopje	8	17
Sarajevo	-2	2

Sapendo che l'escursione termica è la differenza tra la temperatura massima e quella minima, in riferimento ai dati della tabella, stabilisci se ciascuna delle affermazioni in tabella è vera oppure falsa.

Affermazione	V	F
La capitale con maggior escursione termica è stata Oslo.		
Roma e Vilnius hanno avuto la stessa escursione termica.		
La capitale con minore escursione termica è stata Tirana.		
La temperatura massima più bassa si è registrata a Oslo.		

PUNTEGGIO:

PROVA B

B14) Utilizza il cerchio qui sotto per rappresentare con un areogramma la percentuale di produzione del reddito per i diversi settori economici scritti in tabella. Per ciascun settore rappresentato, scrivi il nome corrispondente.

Settore economico	Percentuale (%)
Primario	10
Secondario	30
Terziario	60

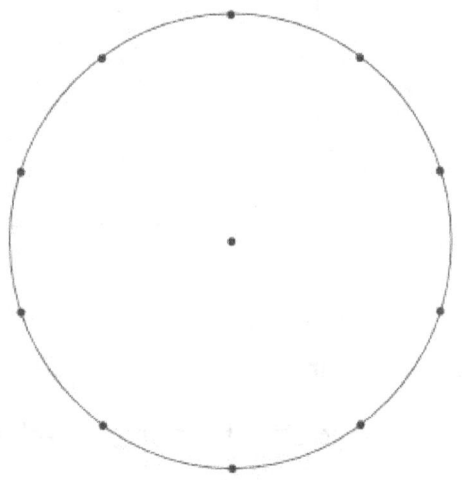

PUNTEGGIO:

PROVA B

B15) Il seguente grafico rappresenta il moto di due oggetti che si muovono sulla stessa traiettoria rettilinea.

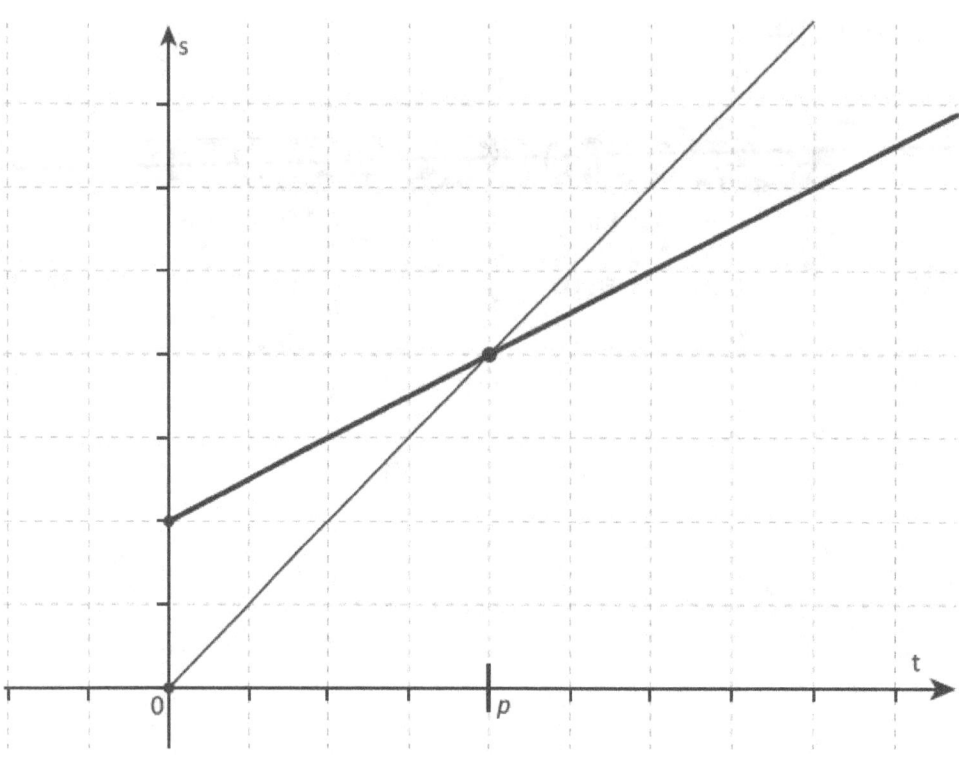

A) Il grafico può rappresentare

☐ A. il moto di due oggetti che partono all'istante 0 da due posizioni differenti.

☐ B. il moto di due oggetti che partono uno all'istante 0 e l'altro in un istante successivo.

☐ C. il moto di due oggetti che partono all'istante 0 dallo stesso punto con velocità diverse.

☐ D. il moto di due oggetti che viaggiano alla stessa velocità.

PROVA B

B) Nell'istante p ...

☐ A. ... i due oggetti si trovano nello stesso punto.

☐ B. ... i due oggetti hanno la medesima velocità.

☐ C. ... i due oggetti hanno percorso lo stesso spazio a partire dall'istante 0.

☐ D. ... i due oggetti si fermano.

PUNTEGGIO:

B16) Benedetta e Caterina partecipano ad un concorso. Per ogni risposta esatta si assegnano 3 punti, mentre per ogni risposta errata viene tolto 1 punto. L'esito del concorso è il seguente:

✓ Benedetta: 12 risposte esatte e 8 errate;

✓ Caterina: 5 risposte esatte e 7 sbagliate.

Quali sono i punteggi finali delle due ragazze?

☐ A. 28 e 8.

☐ B. 4 e -2.

☐ C. 28 e -8.

☐ D. -4 e 2.

PUNTEGGIO:

B17) Quizzetto di logica: completa la sequenza con ciò che segue logicamente!

L (esagono) N (pentagono) P (quadrato/rombo) ____

PUNTEGGIO:

PROVA B

B18) Nella seguente figura le rette r ed s sono perpendicolari tra loro e BCE è una semicirconferenza di centro O. La lunghezza del segmento AO è di 18 cm e la lunghezza del segmento OB è di 12 cm.

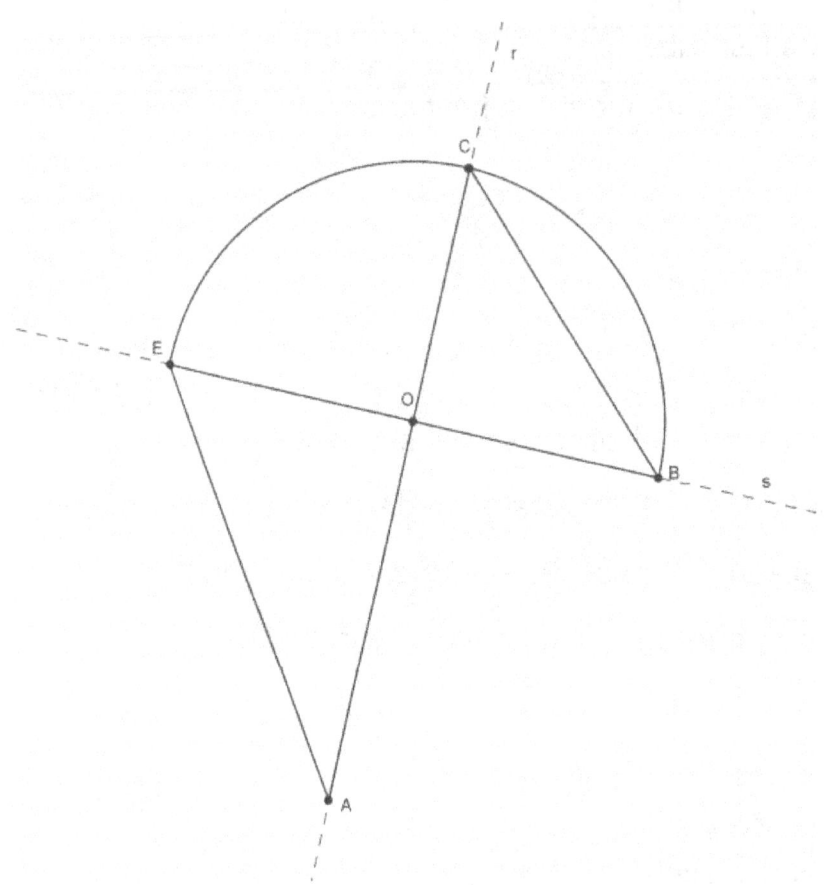

A) Congiungi C con E. Qual è l'area del triangolo AEC?

◻ A. 90 cm².

◻ B. 108 cm².

◻ C. 180 cm².

◻ D. 216 cm².

PROVA B

B) Scrivi i calcoli che hai fatto per trovare la risposta.

_____

_____

_____

PUNTEGGIO:

B19) Considerando la retta orientata dei numeri, dove è possibile inserire il numero -2?

☐ A. Tra $-2,5$ e $-2,1$

☐ B. Tra -3 e $-2,\overline{1}$

☐ C. Tra $-\frac{8}{3}$ e $-\frac{12}{7}$

☐ D. Tra -1 e 3

PUNTEGGIO:

B20) Camilla, Carlotta decidono di preparare i tortellini per il compleanno della loro sorella Caterina. Ognuna di loro impasta e lavora con lo stesso ritmo dell'altra, solo che Carlotta ha iniziato a lavorare più tardi: quando ha finito i suoi primi 35 tortellini, Camilla ne aveva già fatti 60.

Se alla fine della preparazione Carlotta ha preparato in tutto 100 tortellini, quanti ne ha realizzato Camilla?

Riporta il tuo procedimento con il risultato finale.

_____

_____

Risultato: _____ tortellini.

PUNTEGGIO:

PROVA B

B21) Un cronista televisivo ha mostrato questo grafico dicendo: "Il grafico mostra che dal 2017 al 2018 il numero dei furti è raddoppiato: questo fatto è inequivocabile e ci deve fare allarmare."

Numero di furti all'anno

(Grafico a barre: 2017 ≈ 508; 2018 ≈ 516)

L'affermazione del cronista è un'interpretazione ragionevole del grafico?

☐ Sì, perché _____

_____

_____

☐ No, perché _____

_____

_____

PUNTEGGIO:

PROVA B

B22) La famiglia Bruzzone, composta da due adulti e due bambini di 3 e 5 anni, deve noleggiare un'automobile per una settimana. Cerca su Internet e trova le seguenti offerte.

		Modello City car	Modello Economica	Modello Automatica
Prezzo per una settimana		207,65 €	213,24 €	231,14 €
Accessori	GPS	14,50 € al giorno	15,40 € al giorno	17,00 € al giorno
	Seggiolino per un bambino	Non si può montare	7,30 € al giorno	7,30 € al giorno
	Portascì	39,80 € per tutta la durata del noleggio	39,80 € per tutta la durata del noleggio	45 € per tutta la durata del noleggio
Opzioni	Assicurazione aggiuntiva	8,40 € al giorno	9,00 € al giorno	9,50 € al giorno

A) La famiglia Bruzzone decide di noleggiare un'automobile Modello Economica con GPS e seggiolini per i bambini.

Cerchia sulla tabella i prezzi che permettono di calcolare la spesa della famiglia Rossi per il noleggio dell'automobile.

B) Quanto spende la famiglia Bruzzone per il noleggio dei seggiolini?

Risposta: _____ euro.

PUNTEGGIO:

PROVA B

HAI TERMINATO LA PROVA!

SE HAI ANCORA DEL TEMPO, RILEGGI E RIGUARDA I QUESITI...

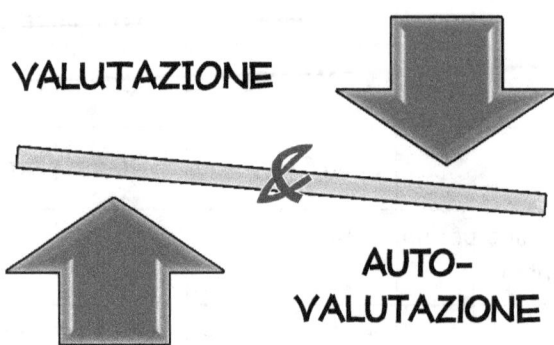

> Da compilare <u>prima</u> della correzione e della valutazione!

AUTOVALUTAZIONE

Gli esercizi della prova erano:

- ☐ semplici;
- ☐ della giusta difficoltà;
- ☐ impegnativi;
- ☐ difficili.

Ho trovato maggiori difficoltà (anche più risposte):

- ☐ nella comprensione del testo;
- ☐ nell'esecuzione dei calcoli;
- ☐ nel sapere che formule/regole usare;
- ☐ nel tempo a disposizione.

PROVA B

Credo di aver fatto meglio gli esercizi (anche più risposte):

- ☐ di calcolo numerico;
- ☐ di geometria;
- ☐ di logica, ragionamento e intuizione (problemi);
- ☐ relativi a grafici, tabelle, previsioni ed equivalenze.

Ho trovato particolarmente belli e/o originali e/o divertenti gli esercizi:

_____

_____

* * *

VALUTAZIONE 1:

VALUTAZIONE 2:

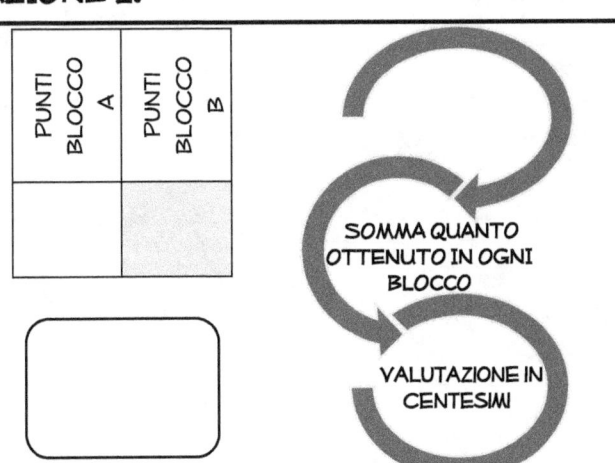

BLOCCO A	CONVERSIONE
0	0
DA 1 A 4	20
DA 5 A 8	30
DA 9 A 12	40
DA 13 A 15	50
16 O 17	60
BLOCCO B	CONVERSIONE
0	0
DA 1 A 3	5
4 O 5	10
6 O 7	20
8 O 9	30
10 O 11	40

PROVA B

VALUTAZIONE 3: COMPETENZE

NUCLEO TEMATICO	QUESITI AFFERENTI	PUNTI TOTALIZZATI	LIVELLO RAGGIUNTO
NUMERI	B2, B6, B9, B13, B16, B19, B22B.	/7	
SPAZIO & FIGURE	B1, B4, B7, B11, B18.	/7	
RELAZIONI & FUNZIONI	B5, B12, 15, B17, B20.	/7	
MISURE, DATI & PREVISIONI	B3, B8, B10, B14, B21, B22A.	/7	

<u>Livelli</u>: iniziale, base, intermedio, avanzato.

PROVA C

TEMPO A DISPOSIZIONE: 60 MINUTI   ITEMS: 28

C1) Jacopo sa che una penna costa 1 Math-Coin (MC) in più di una matita. Il suo amico Federico ha comperato 2 penne e 3 matite per 17 MC.

  A) Quanti Math-Coins serviranno a Jacopo per acquistare 1 penna e 2 matite?

   ☐ A. 5 MC
   ☐ B. 8,5 MC
   ☐ C. 10 MC
   ☐ D. 11 MC

  B) Illustra i principali passaggi e il procedimento che hai seguito per giungere al risultato.

  _____
  _____
  _____
  _____

PUNTEGGIO:

⊗ Si consiglia di svolgerla nel 2° Quadrimestre.

PROVA C

C2) Francesca è alle prese con questo problema: deve trovare tutte le coppie ordinate di numeri relativi interi (a; b) tali che il loro prodotto faccia -20. Due coppie che Francesca ha già individuato sono

(4; -5) e (-5; 4)

Quante altre coppie mancano perché Francesca risolva correttamente il problema?

☐ A. 4
☐ B. 6
☐ C. 8
☐ D. 10

PUNTEGGIO:

C3) Nella figura, la retta *l* e la retta *m* sono parallele.

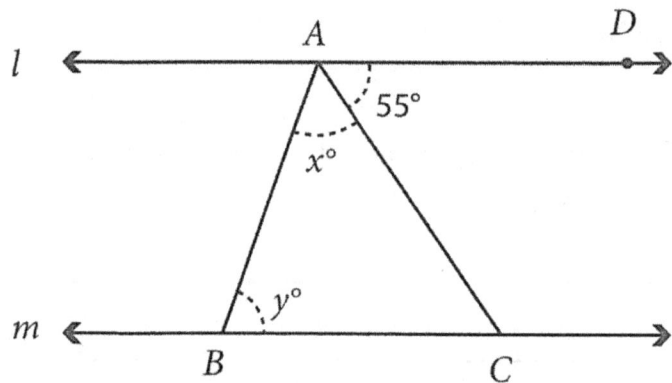

Se si ha $C\hat{A}D = 55°$, quanto è il valore di $x+y$?

☐ A. 55°
☐ B. 110°
☐ C. 125°
☐ D. 135°

PUNTEGGIO:

C4) In figura è rappresentato un solido ottenuto da un cubo grande dal quale è stato tolto un cubo più piccolo.

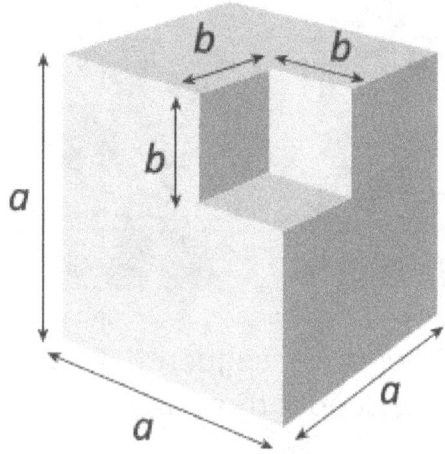

Quale delle seguenti espressioni permette di calcolare il volume del solido ottenuto?

☐ A. $6a^2 - 3b^2$

☐ B. $3a^2 - 3b^2$

☐ C. $(a - b)^3$

☐ D. $a^3 - b^3$

C5) Per calcolare il 36% di 120 occorre...

☐ A. ...dividere 120 per 0,36.

☐ B. ...dividere 36 per 120.

☐ C. ... moltiplicare 120 per 0,36.

☐ D. ...moltiplicare 120 per 36.

PROVA C

C6) Nel sacchetto A ci sono 4 palline rosse e 8 nere mentre nel sacchetto B ci sono 4 palline rosse e 6 nere.

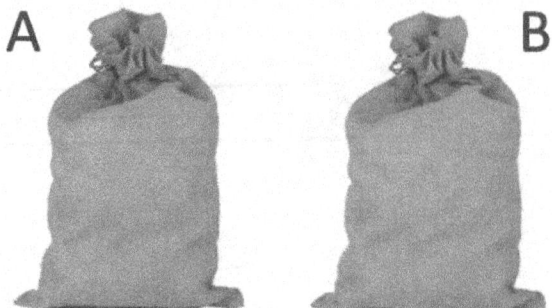

A) Completa correttamente la seguente frase inserendo al posto dei puntini una sola delle seguenti parole:

più / meno / ugualmente

Estrarre una pallina rossa dal sacchetto A è .... probabile che estrarre una pallina rossa dal sacchetto B.

B) Giovanni distribuisce fra i due sacchetti altre 6 palline rosse in modo che la probabilità di estrarre una pallina rossa sia la stessa per entrambi i sacchetti. Quante palline rosse ha aggiunto Giovanni in ciascuno dei due sacchetti?

Risposta: Sacchetto A: _____

Sacchetto B: _____

PUNTEGGIO:

PROVA C

C7) Virginia, la piratessa, ha scovato un tesoro, formato da 2 casse, ciascuna delle quali contiene 5 cassette. Ogni cassetta ha al suo interno 3 sacchetti, ciascuno con 10 monete d'oro. Casse, cassette e sacchetti hanno tutti un laccio ben stretto con un nodo da filibustieri.

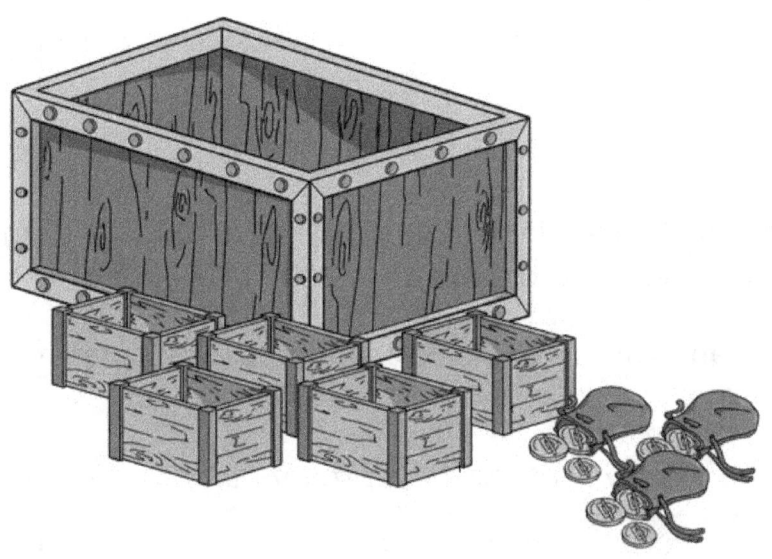

A) A quanto ammonta l'intero bottino?

Risposta: _____ monete d'oro.

B) Se la piratessa Virgina si accontenta di 50 monete per sé e lascia il resto alla ciurma, quanti nodi deve disfare, come minimo?

Risposta: _____ nodi.

PUNTEGGIO:

PROVA C

C8) Quale espressione è equivalente a $(25^4 : 5^4)^2$?

☐ A. 5^4
☐ B. 5^0
☐ C. 5^8
☐ D. 5^6

PUNTEGGIO:

C9) Nella classe di Chiara l'insegnante ha posto questa domanda: "Cosa succede se addizioniamo tre multipli di 9?"

Gli studenti hanno discusso a piccoli gruppi e alcuni portavoce riferiscono queste risposte:

Chiara: *"Secondo noi si ottiene sempre un numero dispari."*

Margherita: *"Il nostro gruppo è arrivato alla conclusione che si ottiene sempre un multiplo di tre."*

Aurora: *"Noi diciamo che si ottiene a volte un numero pari, a volte un numero dispari."*

Stefano: *"Il mio gruppo dice che si ottiene sempre un multiplo di 2".*

Quali gruppi sono arrivati a conclusioni corrette?

☐ A. I gruppi di Margherita e Aurora.
☐ B. I gruppi di Chiara e Margherita.
☐ C. Solo il gruppo di Stefano.
☐ D. Solo il gruppo di Chiara.

PUNTEGGIO:

PROVA C

C10) Gabriella ha partecipato ad uno scambio culturale: Alonso è venuto per una settimana in Italia e lei è andata per lo stesso tempo a Città del Messico. Questa è una parte della mappa della metropolitana di Città del Messico.

Se Gabriella si trova a San Lazaro e deve andare a Centro Medico, quali linee le conviene scegliere per fare il minor numero di fermate possibile?

Risposta: linee _____ .

PUNTEGGIO:

PROVA C

C11) Individua quale tra le equazioni qui proposte traduce correttamente il seguente problema:

"Il quadruplo di un numero diminuito di otto è pari alla terza parte del numero stesso aumentata di tre".

☐ A. $8 - 4x = 3x + 3$

☐ B. $4x - 8 = 3x + 3$

☐ C. $4x - 8 = \frac{1}{3}x + 3$

☐ D. $4x - 8 = x^3 + 3$

PUNTEGGIO:

C12) Marco ama molto i disegni di Tecnologia. Ha disegnato, con riga e squadra, questa Z che utilizzerà poi per realizzare un motivo di una tavola.

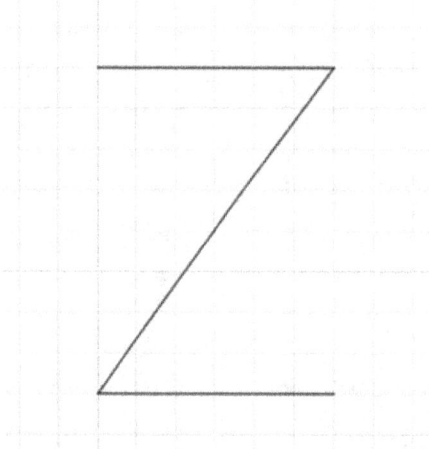

Prendendo come unità di misura 1 quadretto, quale di queste espressioni individua la lunghezza complessiva della Z di Marco?

☐ A. $2 \cdot 6 + 8$

☐ B. $\left(6 + \sqrt{8^2 - 6^2}\right) \cdot 2$

☐ C. $\left(6 + \sqrt{8^2 + 6^2}\right) \cdot 2$

☐ D. $6 \cdot 2 + \sqrt{8^2 + 6^2}$

PUNTEGGIO:

PROVA C

C13) All'università un esame di inglese prevede uno scritto e un orale e il voto massimo per ciascuna prova è 30. Il voto dello scritto vale il doppio rispetto al voto dell'orale.

Valentina ha ottenuto 24 allo scritto e 30 all'orale.

A) Quale sarà il voto finale di Valentina nell'esame di inglese?

- ☐ A. 25
- ☐ B. 26
- ☐ C. 27
- ☐ D. 28

B) Elena ha preso 30 allo scritto e 24 all'orale. Come sarà il voto finale di Elena rispetto a quello di Valentina? Scegli una delle tre risposte e completa la frase.

☐ Sarà più alto perché _____

_____

_____

☐ Sarà più alto perché _____

_____

_____

☐ Sarà uguale perché _____

_____

_____

PUNTEGGIO:

PROVA C

C14) Alessandra abita in via Giuseppe Verdi, civico n. 82. Appena uscita di casa una folata di vento le scompiglia i capelli e così tira fuor uno specchietto per sistemarsi. Così facendo, nota che il numero civico del suo portone risulta differente sullo specchio!

Come vede Alessandra il numero civico sul suo specchio?

☐ A.

☐ B.

☐ C.

☐ D.

PUNTEGGIO:

C15) Osserva il disegno: quale frazione della L è colorata?

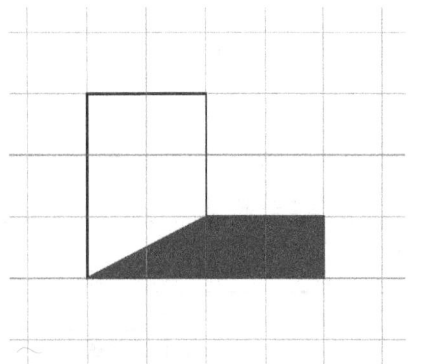

Risposta: _____

PUNTEGGIO:

PROVA C

C16) Le maestre Rosalba, Gabriella, Jennifer e Daniela stanno vendendo i biglietti per la lotteria della scuola. Hanno raccolto i risultati delle vendite in questo grafico:

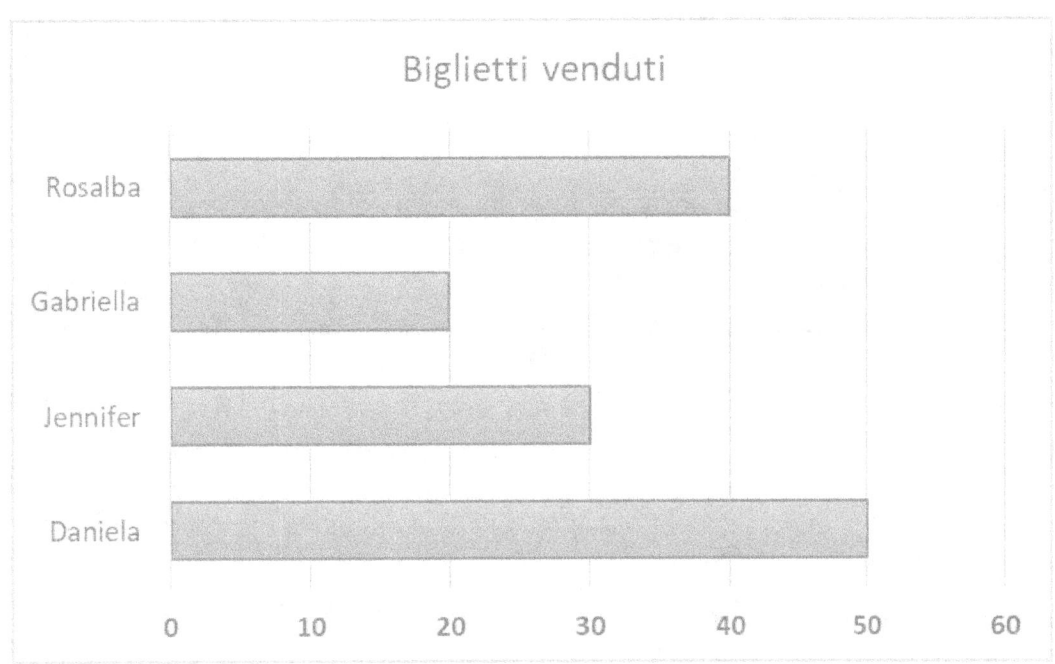

Stabilisci per ognuna delle affermazioni in tabella se è vera oppure falsa.

Affermazione	V	F
Gabriella e Jennifer, insieme, hanno venduto tanti biglietti quanti Daniela.		
Daniela ha venduto, da sola, il 50% dei biglietti.		
Rosalba ha venduto circa il 29% dei biglietti.		
La media di biglietti venduti a testa da ogni maestra è pari a 35.		

PUNTEGGIO:

C17) La circonferenza in figura ha il diametro di 10 cm e le corde AD e BC uguali al raggio.

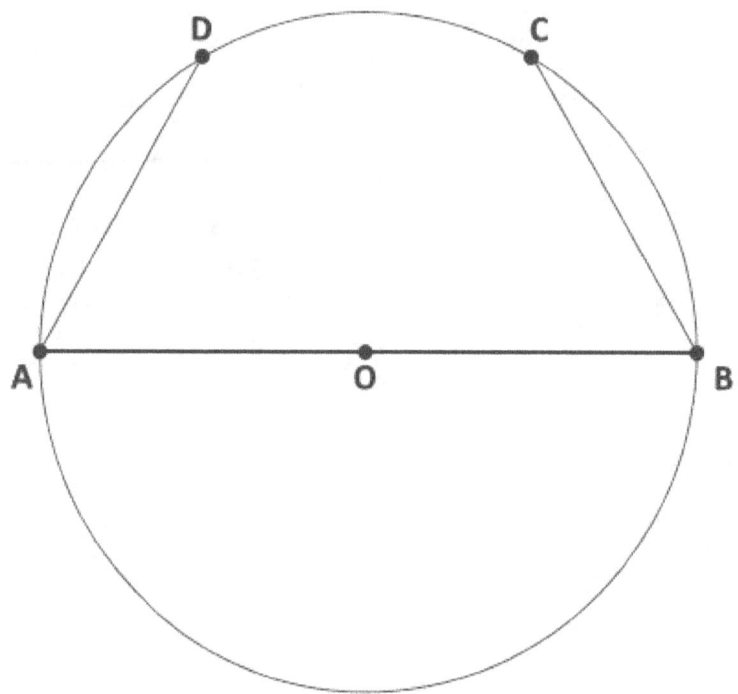

A) Qual è il perimetro del quadrilatero ABCD?

Risposta: _____ cm.

B) Giustifica la tua risposta, riportando i conti o il ragionamento da te compiuti.

_____

_____

_____

_____

PUNTEGGIO:

PROVA C

C18) Biancamaria ama molto andare al cinema e così acquista una tessera che consente l'ingresso a prezzo ridotto per un anno a un cinema della sua città. Il costo della tessera è di 12 euro e permette di pagare il biglietto di ingresso solo 5 euro per ogni spettacolo.

A) Completa la seguente tabella, dove n è il numero degli spettacoli e S il costo complessivo della tessera e dei biglietti di ingresso.

n (numero di spettacoli)	S (costo complessivo in euro)
0	12
1	
2	
3	
4	
5	

B) Quale fra le seguenti formule consente di calcolare il costo complessivo S al variare del numero n di spettacoli?

  ☐ A. S= 12 + 5n
  ☐ B. S= 12 + 5
  ☐ C. S= 12 + n
  ☐ D. S= 12n + 5n

PROVA C

C) Considera ora i seguenti grafici e stabilisci quale di essi rappresenta come varia il costo complessivo S al variare del numero n di spettacoli.

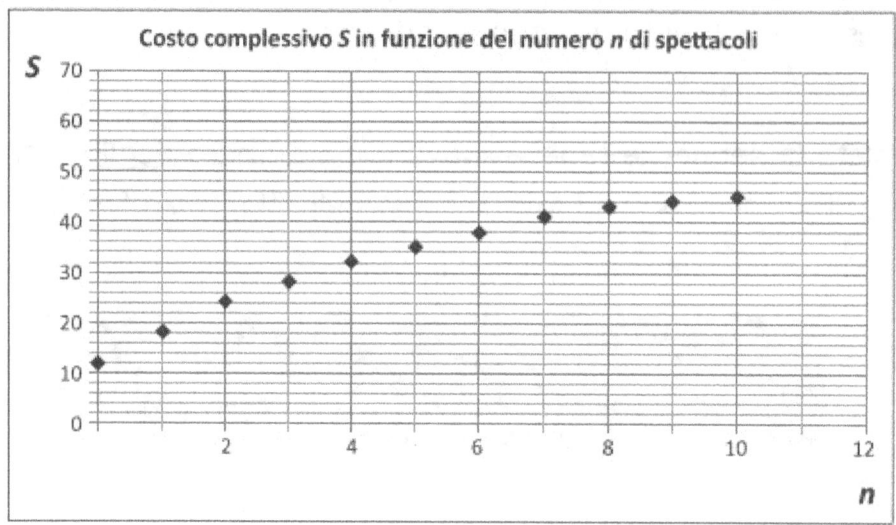

☐ A. Grafico 1.

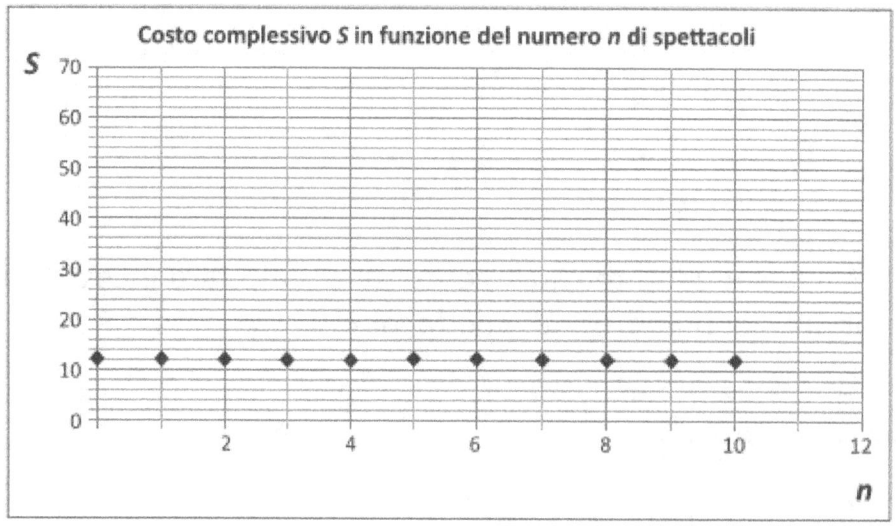

☐ Grafico 2.

PROVA C

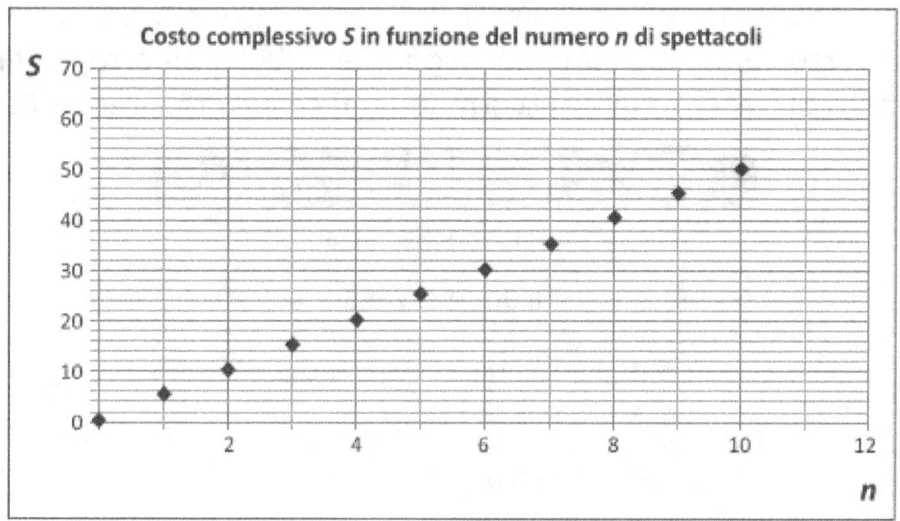

☐ Grafico 3.

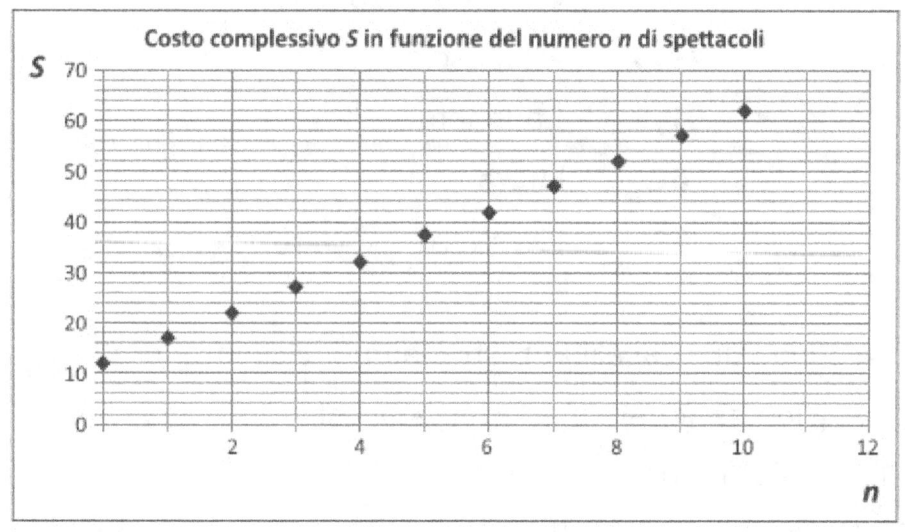

☐ Grafico 4.

PUNTEGGIO:

C19) L'autostrada A11 collega i caselli di Firenze-Peretola e di Pisa Nord con un percorso lungo 81 km. La seguente tabella riporta la distanza in chilometri di tutti i caselli autostradali dal casello di Firenze-Peretola.

Km	Nome Casello
0	Firenze-Peretola
4,2	Firenze Ovest
9	Prato Est
16,8	Prato Ovest
27,4	Pistoia
39	Montecatini Terme
46,4	Chiesina Uzzanese
49,3	Altopascio
57,2	Capannori
66	Lucca
81	Pisa Nord

A) Quali sono i due caselli autostradali più vicini fra loro?

☐ A. Firenze-Peretola – Firenze Ovest

☐ B. Chiesina Uzzanese – Altopascio

☐ C. Firenze Ovest – Prato Est

☐ D. Altopascio – Capannori

B) Un automobilista entra in autostrada a Lucca ed esce al casello di Prato Ovest. Qual è la distanza tra i due caselli?

Risposta: _____ km.

PROVA C

C) Se Giovanni Battista deve percorrere tutta l'autostrada A11 e conta di procedere ad una velocità media di 100 km/h, quanto impiegherà?

☐ A. Circa un'ora e un quarto

☐ B. Circa un'ora.

☐ C. Circa tre quarti d'ora.

☐ D. Circa mezz'ora.

PUNTEGGIO:

PROVA C

HAI TERMINATO LA PROVA!

SE HAI ANCORA DEL TEMPO, RILEGGI E RIGUARDA I QUESITI...

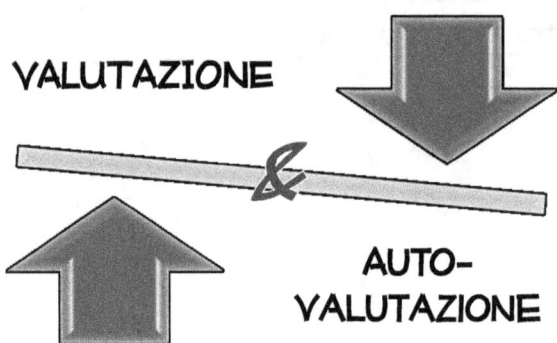

Da compilare <u>prima</u>
della correzione e della valutazione!

AUTOVALUTAZIONE

Gli esercizi della prova erano:

☐ semplici; ☐ della giusta difficoltà;

☐ impegnativi; ☐ difficili.

Ho trovato maggiori difficoltà (anche più risposte):

☐ nella comprensione del testo;
☐ nell'esecuzione dei calcoli;
☐ nel sapere che formule/regole usare;
☐ nel tempo a disposizione.

PROVA C

Credo di aver fatto meglio gli esercizi (anche più risposte):

- ☐ di calcolo numerico;
- ☐ di geometria;
- ☐ di logica, ragionamento e intuizione (problemi);
- ☐ relativi a grafici, tabelle, previsioni ed equivalenze.

Ho trovato particolarmente belli e/o originali e/o divertenti gli esercizi:

_____

_____

* * *

VALUTAZIONE 1:

VALUTAZIONE 2:

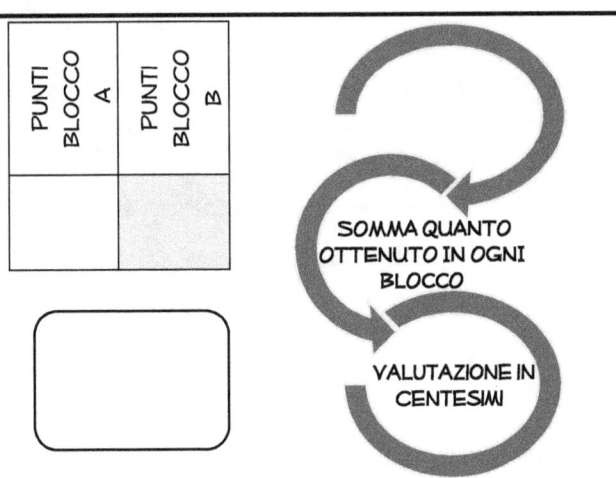

BLOCCO A	CONVERSIONE
0	0
DA 1 A 4	20
DA 5 A 8	30
DA 9 A 12	40
DA 13 A 15	50
16 O 17	60
BLOCCO B	**CONVERSIONE**
0	0
DA 1 A 3	5
4 O 5	10
6 O 7	20
8 O 9	30
10 O 11	40

PROVA C

VALUTAZIONE 3: COMPETENZE

NUCLEO TEMATICO	QUESITI AFFERENTI	PUNTI TOTALIZZATI	LIVELLO RAGGIUNTO
NUMERI	C2, C5, C8, C9, C15, C19A, C19B.	/7	
SPAZIO & FIGURE	C3, C10, C12, C14, C17.	/6	
RELAZIONI & FUNZIONI	C1, C4, C7, C11, C18.	/9	
MISURE, DATI & PREVISIONI	C6, C13, C16, C19C.	/6	

Livelli: iniziale, base, intermedio, avanzato.

PROVA D

TEMPO A DISPOSIZIONE: 75 MINUTI   ITEMS: 36

D1) Il gioco del "lotto" è un gioco d'azzardo che nacque tra il 1400 e il 1500 a Genova: l'ammiraglio Andrea Doria convinse le autorità cittadine a legiferare sulla nomina, a rotazione semestrale, di cinque membri dei Serenissimi Collegi da scegliersi con sorteggio fra 120 esponenti della nobiltà cittadina. Il sorteggio divenne oggetto di scommesse: queste venivano organizzate raccogliendo le poste degli scommettitori, metà del ricavato veniva distribuito fra gli scommettitori che avevano indovinato i cinque nomi, l'altra metà agli organizzatori. Poco tempo dopo i nomi divennero solo novanta e successivamente il gioco si evolse con la sostituzione dei nomi con altrettanti numeri.

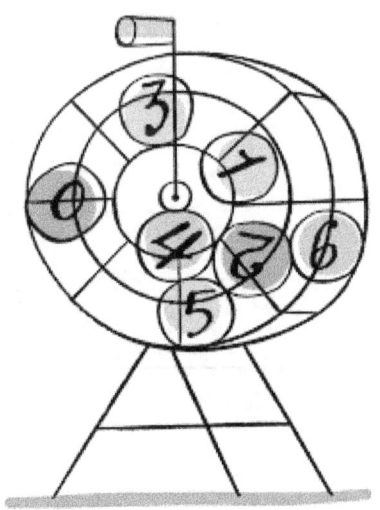

⊗ Si consiglia di svolgerla nel 2° Quadrimestre.

PROVA D

A) Data un'urna del lotto contenente 90 bussolotti numerati da 1 a 90, qual è la probabilità di estrarre un numero multiplo di 10?

- ☐ A. $\frac{1}{10}$
- ☐ B. $\frac{1}{9}$
- ☐ C. $\frac{9}{100}$
- ☐ D. $\frac{9}{10}$

B) Si punta un "genovesino" (moneta dell'antica Genova) che esca un numero maggiore di 80. In caso di vittoria, il banco paga il quintuplo, ossia 5 genovesini, altrimenti si perde quanto puntato. Tale pagamento (il gioco moderno segue una logica simile) è equo sulla base della probabilità di vittoria? Giustifica la tua risposta.

☐ Sì, è equo, in quanto _____

_____

_____

☐ No, non è equo, in quanto _____

_____

_____

PUNTEGGIO:

PROVA D

D2) Il cavo (AB) di un ripetitore per telefonia cellulare è stato fissato a un palo a una distanza dal suolo di 9 m. Una lampada di segnalazione (C) viene agganciata al cavo a 3 m di altezza e a 5 m dal punto di ancoraggio a terra (A).

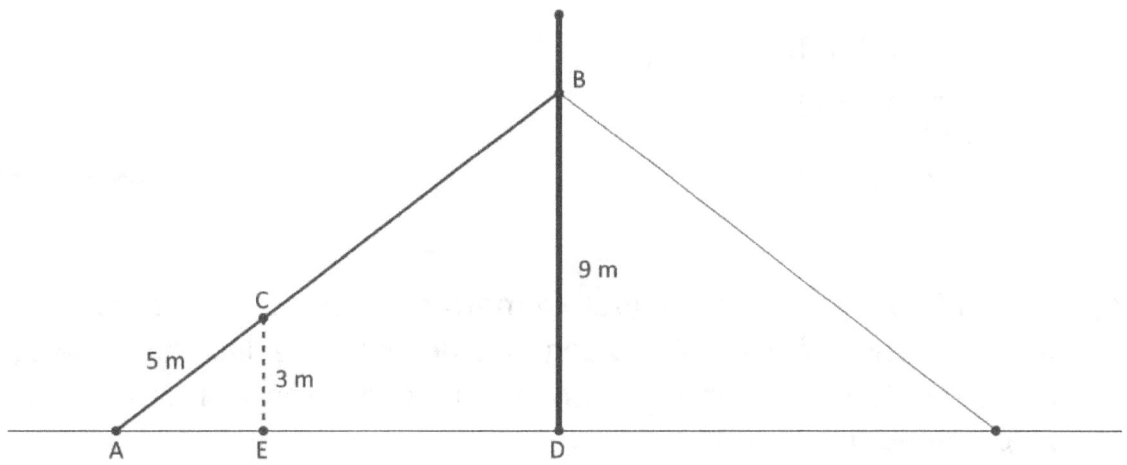

A) Qual è la lunghezza del cavo AB?

Risposta: _____.

B) Giustifica la tua risposta, riportando i conti o il ragionamento da te compiuti.

_____

_____

_____

PUNTEGGIO:

PROVA D

D3) Il diametro medio di una cellula umana è pari a

$$8 \cdot 10^{-6} \text{ m.}$$

Quale tra queste scritture esprime correttamente lo stesso valore?

☐ A. -8,000000 m.

☐ B. 0,000008 m.

☐ C. 0,0000008 m.

☐ D. $\frac{1}{8000000}$ m.

PUNTEGGIO:

D4) Questa figura rappresenta quattro mattonelle di un pavimento. Solo una delle mattonelle è decorata. Disegna la decorazione delle altre mattonelle in modo che i loro bordi in comune siano tutti assi di simmetria della decorazione risultante.

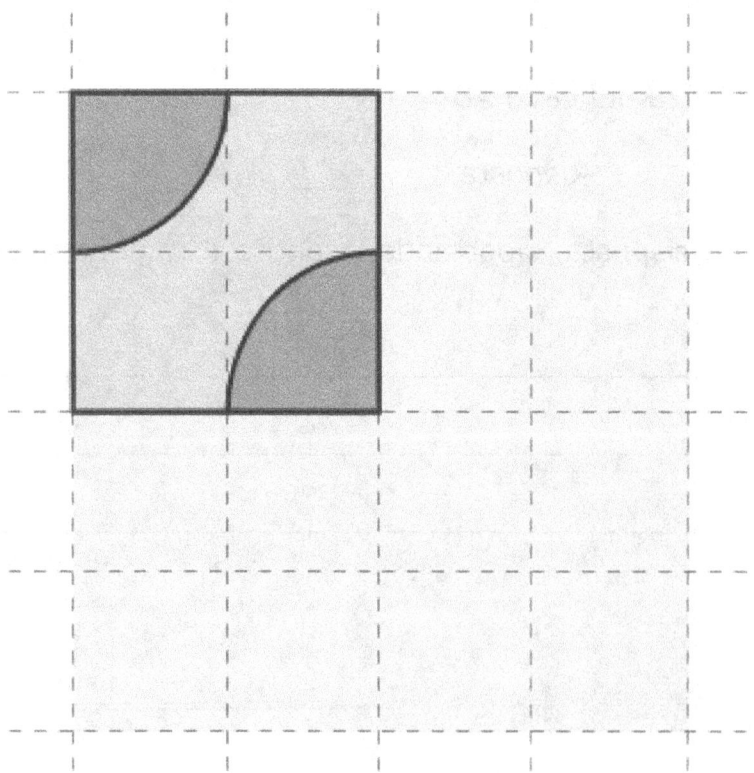

PUNTEGGIO:

PROVA D

D5) In una stazione meteorologica sulle Alpi sono state registrate per una settimana le temperature alle ore 8.00 e riportate nella tabella qui sotto.

Giorno	Temperatura alle ore 8:00
Lunedì	-7°C
Martedì	-3°C
Mercoledì	+1°C
Giovedì	-5°C
Venerdì	0°C
Sabato	+3°C
Domenica	-3°C

A) Stabilisci per ognuna delle affermazioni in tabella se è vera oppure falsa.

Affermazione	V	F
La temperatura massima si è registrata Lunedì.		
La moda della temperatura è -3°C.		
Il maggior sbalzo termico si è registrato tra giovedì e venerdì.		

B) Calcola la media aritmetica delle temperature registrate durante la settimana.

Media = _____ °C

PUNTEGGIO:

PROVA D

D6) Il segmento CD è il doppio del segmento AB, il quale è un terzo del segmento GH. Quale delle seguenti affermazioni è la sola corretta?

☐ A. CD è 6 volte GH.

☐ B. AB > CD.

☐ C. GH è tre mezzi di CD.

☐ D. GH > CD > AB.

PUNTEGGIO:

D7) Giovanni il contadino possiede un campo di 9.000 m². Per la costruzione di una strada viene asfaltato il 9% del suo campo.

A) Quanta superficie resta a Giovanni per la coltivazione?

☐ A. 8190 m².

☐ B. 810 m².

☐ C. 1000 m².

☐ D. nessuna delle precedenti.

B) Riporta i passaggi e i conti fatti per giungere alla risposta:

_____

_____

_____

_____

PUNTEGGIO:

PROVA D

D8) Un rettangolo ha le dimensioni che misurano a e b. Su ognuno dei lati viene costruito un triangolo equilatero, come in figura.

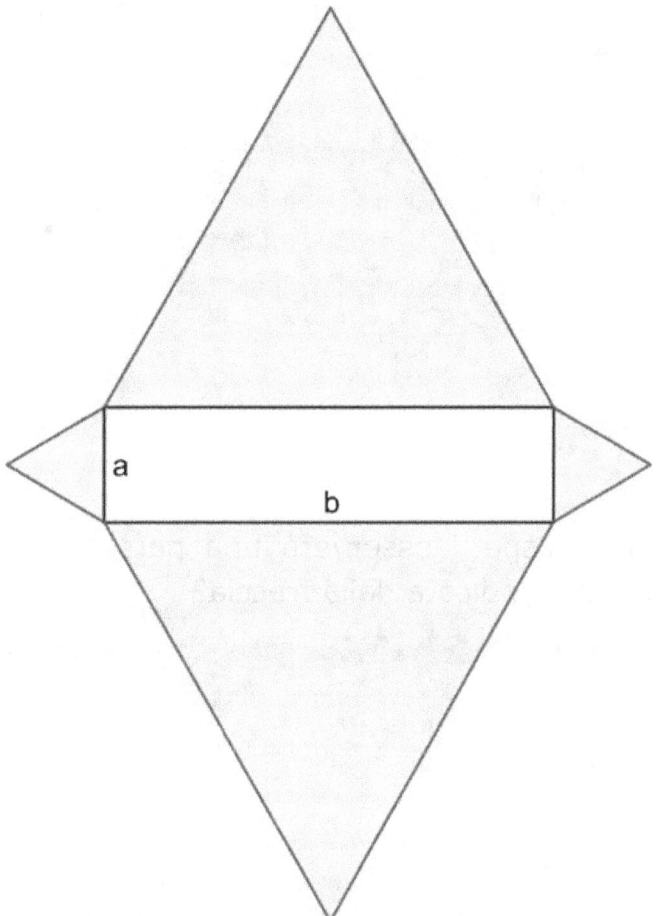

Quanto misura il contorno esterno della figura?

- A. 3a + 3b.
- B. 4a + 4b.
- C. 6a + 6b.
- D. (a+b) · 2

PUNTEGGIO:

PROVA D

D9) Questa è la rappresentazione di una casa coperta da tetti spioventi, vista dall'alto.

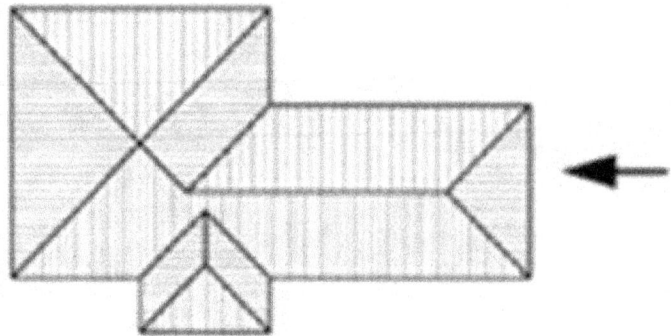

Quale di questi prospetti osserverà una persona che guardi l'edificio secondo la direzione indicata dalla freccia?

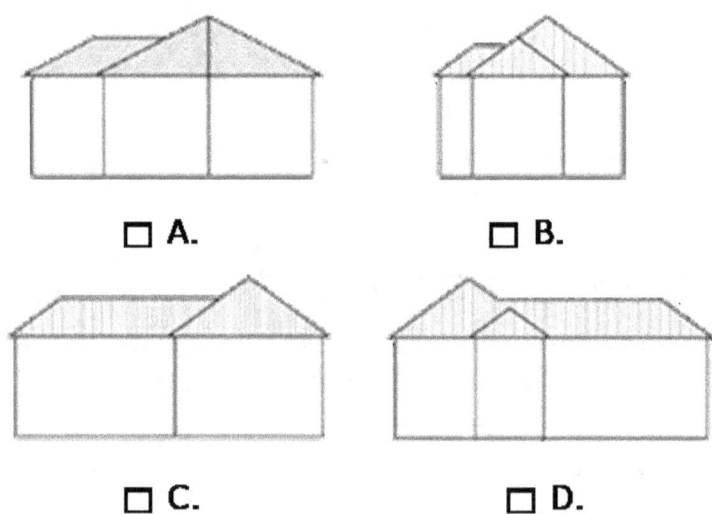

☐ A. ☐ B. ☐ C. ☐ D.

PUNTEGGIO:

PROVA D

D10) Jonathan viene dall'Australia e, come tutti i paesi anglosassoni, è abituato a utilizzare differenti unità di misura. Ad esempio, quelle per la capacità sono le seguenti:

> 1 pinta = 0,56 l;
>
> 1 gallone = 8 pinte.

A) Quanti litri corrispondono a 10 galloni?

- ☐ A. 5,6 l.
- ☐ B. 4,48 l.
- ☐ C. 44,8 l.
- ☐ D. 56 l.

B) Quale di queste formule permette di trovare una capacità G espressa in galloni conoscendo la capacità L in litri?

- ☐ A. $G = \dfrac{L}{4,48}$
- ☐ B. $G = 4,48 \cdot L$
- ☐ C. $G = 0,56 \cdot L + 8$
- ☐ D. $G = \dfrac{8L}{0,56}$

PUNTEGGIO:

D11) Quale valore deve avere il ▲ perché l'uguaglianza sia vera?

$$15 \cdot ▲ = 64 - ▲$$

Risposta: ▲ = _____

PUNTEGGIO:

D12) Le circonferenze di centri B e D, rappresentate in figura, hanno lo stesso raggio.

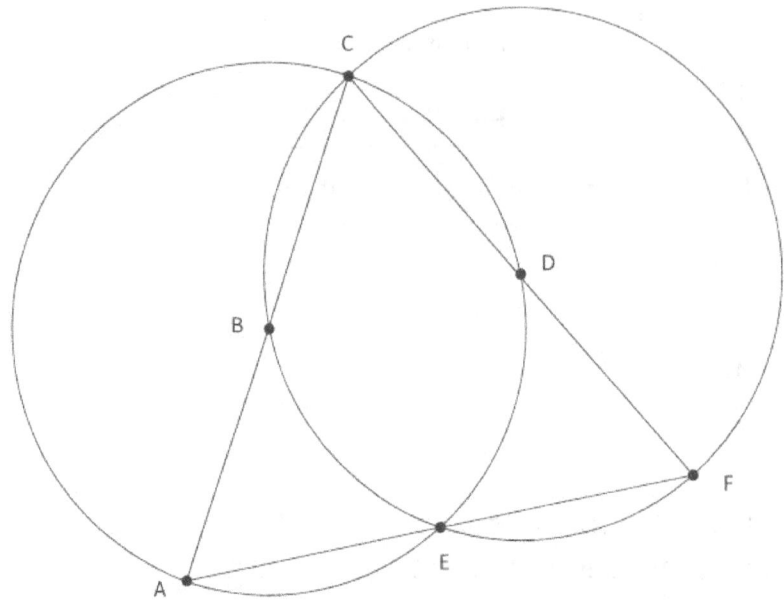

Traccia sulla figura il segmento BD e indica se ciascuna delle seguenti affermazioni è vera o falsa.

Affermazione	V	F
Il triangolo BCD è equilatero.		
Il segmento CE è un diametro.		
L'angolo CAF ha un'ampiezza di 45°.		
L'area del triangolo BDE è un terzo dell'area del triangolo CAF.		

PUNTEGGIO:

PROVA D

D13) La somma di un numero naturale n con il suo successivo n+1 è sempre un numero dispari? Scegli una delle due risposte e completa la frase.

☐ Sì, perché _____

_____

_____

☐ No, perché _____

_____

_____

PUNTEGGIO:

D14) Quizzetto di logica... Quale tra le alternative proposte potrebbe completare la sequenza qui proposta?

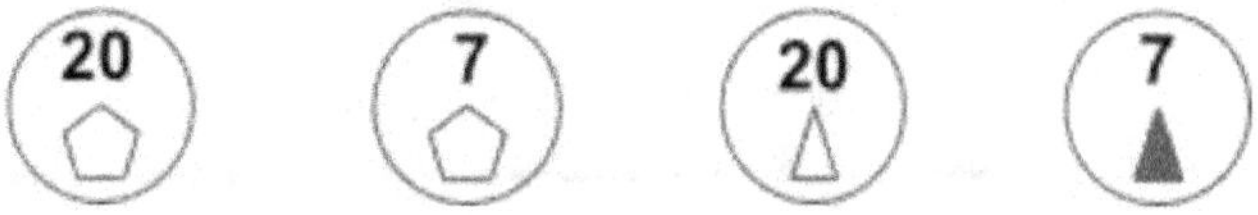

☐ A.   ☐ B.   ☐ C.   ☐ D.

PUNTEGGIO:

D15) Riccardo è appassionato di orienteering e dunque sa usare bene le mappe topografiche, che sono rappresentazioni in due dimensioni di un territorio tridimensionale. Ciò avviene attraverso le linee di livello, che rappresentano in pratica la vista dall'alto di un territorio. Le linee di livello uniscono tutti i punti che si trovano alla stessa altitudine, indicata (in metri) su ogni linea.

Ecco un esempio di una porzione di mappa utilizzata da Riccardo:

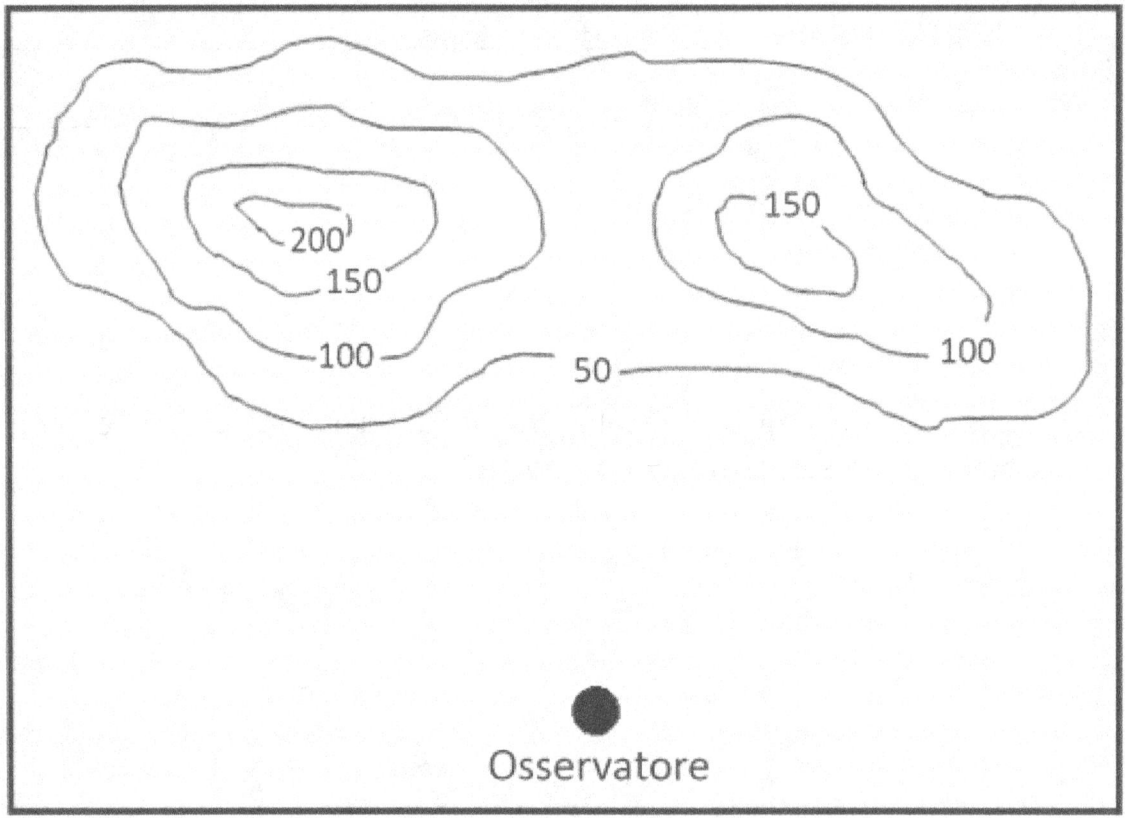

PROVA D

Se Riccardo si trova nel punto segnato come "Osservatore", quale dei seguenti profili montuosi vede?

☐ A. profilo 1.

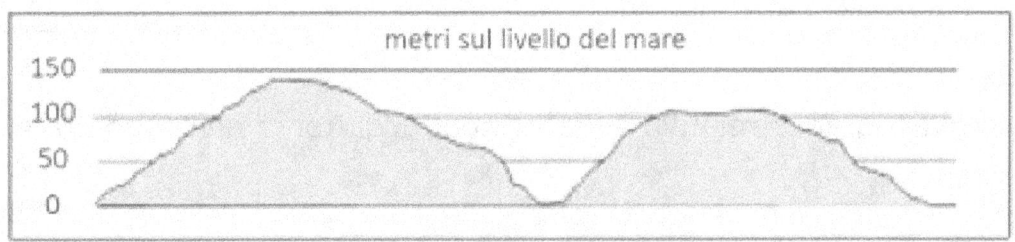

☐ B. profilo 2.

☐ C. profilo 3.

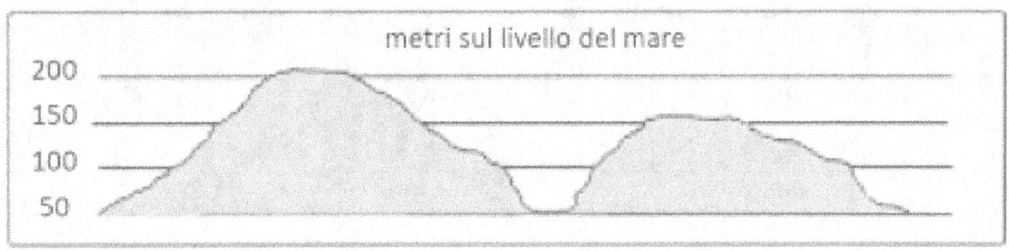

☐ D. profilo 4.

PUNTEGGIO:

PROVA D

D16) A Math-City si producono tre modelli di automobili: le Algebrics, le Stat e le Logik. Tutti e tre i modelli vengono prodotti nei colori verde-petrolio, rosa-antico, grigio-tortora e bianco-artico.

Quante possibili combinazioni di modello e colore si potranno vedere in circolazione a Math-City?

☐ A. 81

☐ B. 7

☐ C. 12

☐ D. 64

PUNTEGGIO:

D17) Osserva il grafico relativo ai dati climatici di Roma nell'anno 2014.

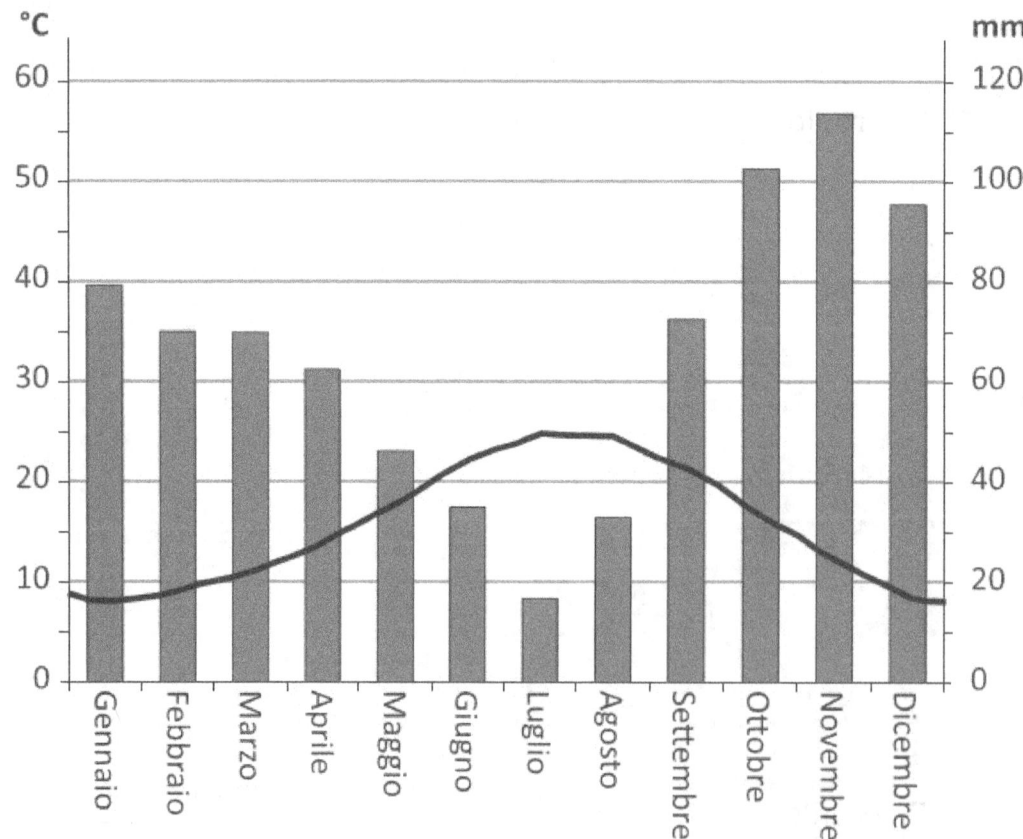

PROVA D

Il diagramma a barre rappresenta la piovosità media mensile espressa in mm di pioggia. La linea continua rappresenta la temperatura media mensile. L'intervallo di tempo considerato va da gennaio a dicembre.

Indica per ogni affermazione se è vera oppure falsa.

Affermazione	V	F
Nel mese di novembre si registrano la massima piovosità media mensile e la minima temperatura media mensile.		
Nel mese di maggio la temperatura media è superiore ai 20°C.		
La differenza di piovosità media tra novembre e luglio è inferiore ai 100 mm di pioggia.		
Per otto mesi all'anno la piovosità media supera i 60 mm di pioggia.		

PUNTEGGIO:

D18) Indovinello:

- *Sono un poliedro regolare con 6 vertici,*
- *le mie facce sono tutte triangolari,*
- *non sono una piramide.*

    Chi sono?

    Risposta: _____.

PUNTEGGIO:

PROVA D

D19) Valentino ama molto preparare dolci! Una delle sue ricette preferite prevede l'uso di questi ingredienti:

*6 uova; 500 g di farina; 300 g di zucchero; 150 g di burro;
1 confezione di panna da montare (500 ml).*

Stefano è andato a fare la spesa e mette a disposizione di Valentino quanto segue:

2 pacchetti di burro da 250 g ciascuno; 2 kg di farina; 1 pacco da 1 kg di zucchero; 2 dozzine di uova; 3 confezioni di panna da montare da 750 ml.

Quante torte può preparare Valentino?

Risposta: _____ torte.

PUNTEGGIO:

D20) In figura viene riportato un cartello stradale americano che indica le distanze (in miglia) di tre località disposte lungo la stessa strada dall'uscita Columbia. Ad esempio, la distanza 1 ½ corrisponde a $1 + \frac{1}{2}$ miglia.

A) Collega con una freccia i riquadri corrispondenti alle località con la loro posizione sulla strada.

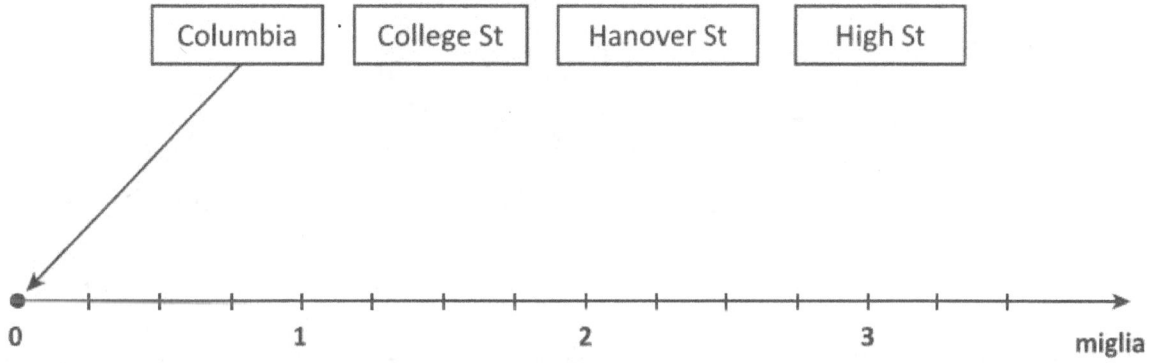

B) Liam esce all'uscita Columbia e vuole raggiungere College St. Se viaggia alla velocità media di 15 miglia all'ora, quanto tempo impiega?

☐ A. 6 minuti.

☐ B. 9 minuti.

☐ C. 12 minuti.

☐ D. 15 minuti.

PUNTEGGIO:

PROVA D

D21) I seguenti solidi, formati tutti da cubetti uguali tra loro, sono tutti equivalenti, hanno cioè lo stesso volume. Quale di essi ha la superficie totale maggiore?

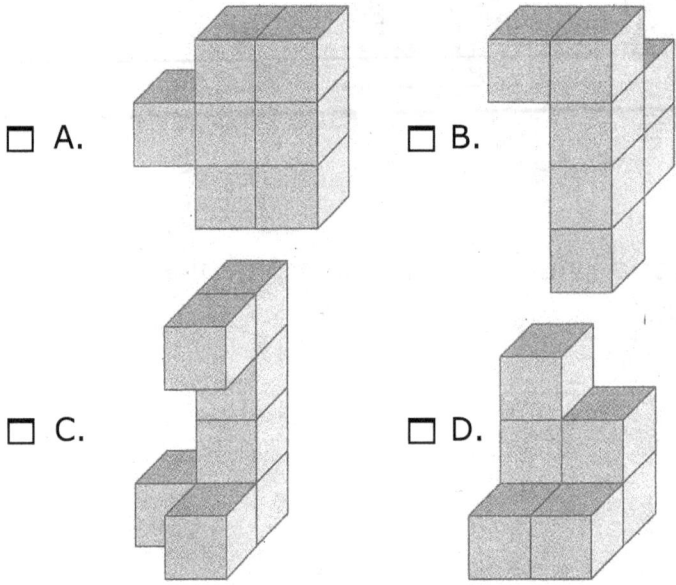

☐ A. ☐ B. ☐ C. ☐ D.

PUNTEGGIO:

D22) Considera il numero $\sqrt{10}$. Quale affermazione a suo riguardo è la sola vera?

☐ A. È compreso tra 9 e 11.

☐ B. È uguale a 5.

☐ C. È compreso tra 3 e 4.

☐ D. È uguale a 100.

PUNTEGGIO:

D23) Sarah sa che nel negozio A e nel negozio B le bottiglie di olio della marca che preferisce hanno lo stesso prezzo.

Negozio A

Negozio B

Sua nonna, che è sempre ben informata, le dice che oggi, su quell'olio, nel negozio A fanno l'offerta "3x2", mentre nel negozio B fanno lo sconto del 40%.

Se Sarah deve comprare 3 bottiglie d'olio, dove le conviene comperarlo?

☐ Negozio A, perché _____

_____

_____

☐ Negozio B, perché _____

_____

_____

PUNTEGGIO:

D24) Le immagini che seguono rappresentano un motivo del pavimento di una antica casa romana e la sua schematizzazione geometrica.

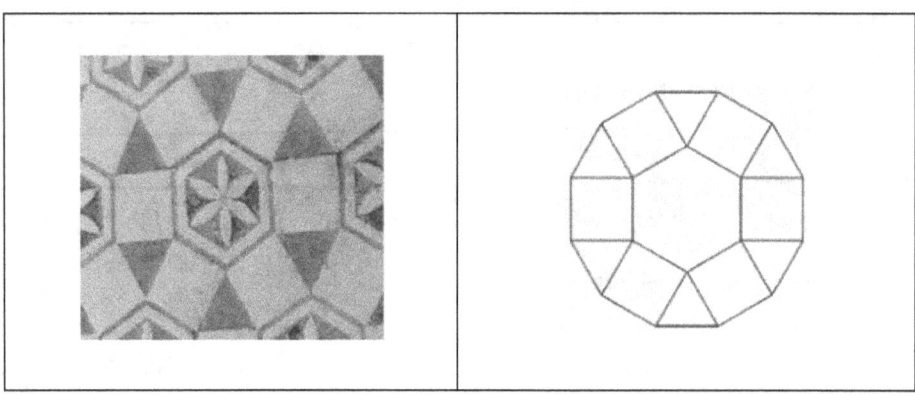

Il motivo, corrispondente a un dodecagono, è composto da un esagono regolare interno, sei quadrati uguali e sei triangoli equilateri uguali.

Indica se le seguenti affermazioni sono vere o false.

Affermazione	V	F
L'area dell'esagono è metà dell'area del dodecagono.		
L'area di ciascun triangolo è un sesto dell'area dell'esagono.		
L'area di un quadrato è il doppio dell'area di un triangolo.		
Il perimetro del dodecagono è il doppio di quello dell'esagono.		

PUNTEGGIO:

PROVA D

D25) La seguente tabella mostra il numero di iscritti a un club sportivo.

	Età < 18 anni	Maggiorenni
Maschi	20	15
Femmine	18	22

A) Se viene scelta a caso una delle persone iscritte al club, qual è la probabilità che sia un maschio?

- ☐ A. $\frac{20}{35}$
- ☐ B. $\frac{1}{2}$
- ☐ C. $\frac{35}{40}$
- ☐ D. $\frac{35}{75}$

B) Qual è la probabilità che la persona scelta a caso abbia più di 18 anni?

Risposta: P = _____

PUNTEGGIO:

D26) Gianluca ha davanti una cassa e una botte cilindrica piena d'acqua. Cosa può stabilire sul loro volume?

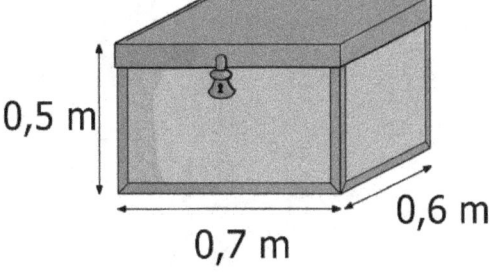

PROVA D

☐ A. La cassa ha un volume maggiore.

☐ B. La botte ha un volume maggiore.

☐ C. Cassa e botte hanno lo stesso volume.

☐ D. Bisogna sapere cosa c'è nella cassa per rispondere.

PUNTEGGIO:

D27) Osserva il seguente grafico e individua la specifica legge matematica che lega queste due variabili x e y

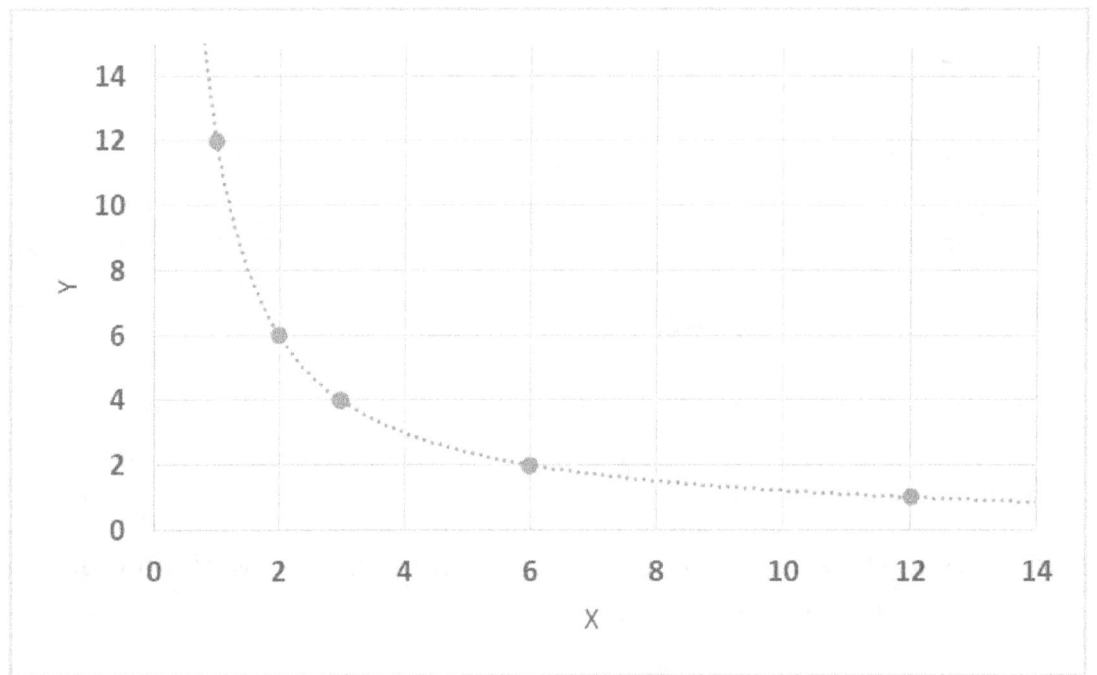

☐ A. $y = 12\,x$

☐ B. $y = \dfrac{12}{x}$

☐ C. $x \cdot y = 6$

☐ D. $x = \dfrac{6}{y}$

PUNTEGGIO:

PROVA D

D28) Pamela è alle prese con questa espressione:

$$\left[\left(-\frac{1}{2}\right)^5 \cdot \left(-\frac{1}{2}\right)^5\right]^2 : \left(-\frac{1}{2}\right)^{17}$$

Cosa si può dire del risultato che otterrà Pamela?

- ☐ A. Sarà sicuramente positivo, in quanto la parentesi quadra è elevata alla seconda.
- ☐ B. Sarà negativo in quanto + : − = −.
- ☐ C. Sarà un numero intero in quanto gli esponenti si sottraggono e l'inverso di ½ è 2.
- ☐ D. Sarà un numero positivo in quanto − · − =+.

PUNTEGGIO:

D29) Osserva bene la seguente successione di quadrati:

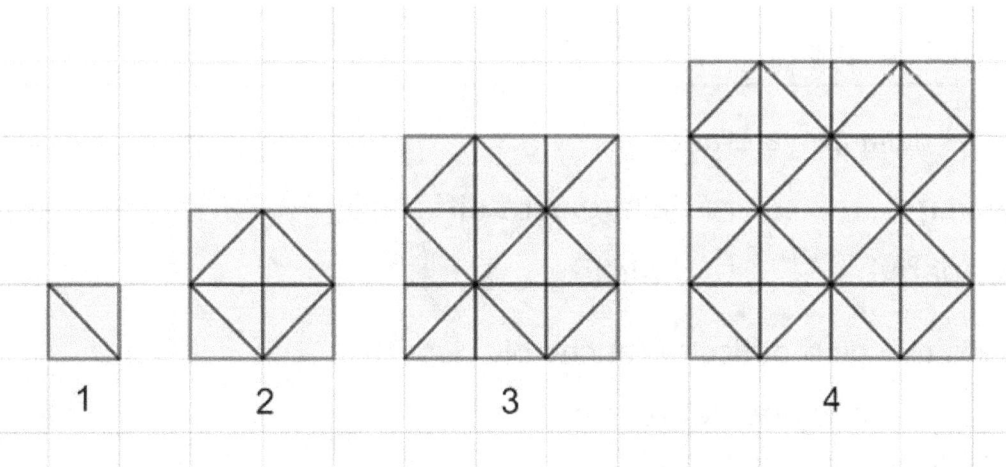

Quanti triangolini ci saranno nella decima figura?

Risposta: _____ triangolini.

PUNTEGGIO:

PROVA D

HAI TERMINATO LA PROVA!

SE HAI ANCORA DEL TEMPO, RILEGGI E RIGUARDA I QUESITI...

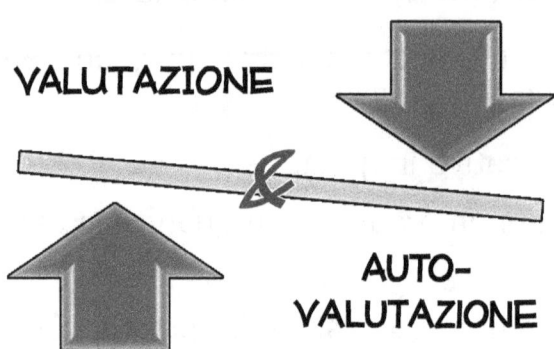

Da compilare prima
della correzione e della valutazione!

AUTOVALUTAZIONE

Gli esercizi della prova erano:

- ☐ semplici;
- ☐ della giusta difficoltà;
- ☐ impegnativi;
- ☐ difficili.

Ho trovato maggiori difficoltà (anche più risposte):

- ☐ nella comprensione del testo;
- ☐ nell'esecuzione dei calcoli;
- ☐ nel sapere che formule/regole usare;
- ☐ nel tempo a disposizione.

PROVA D

Credo di aver fatto meglio gli esercizi (anche più risposte):

- ☐ di calcolo numerico;
- ☐ di geometria;
- ☐ di logica, ragionamento e intuizione (problemi);
- ☐ relativi a grafici, tabelle, previsioni ed equivalenze.

Ho trovato particolarmente belli e/o originali e/o divertenti gli esercizi:

_____

_____

* * *

VALUTAZIONE 1:

VALUTAZIONE 2:

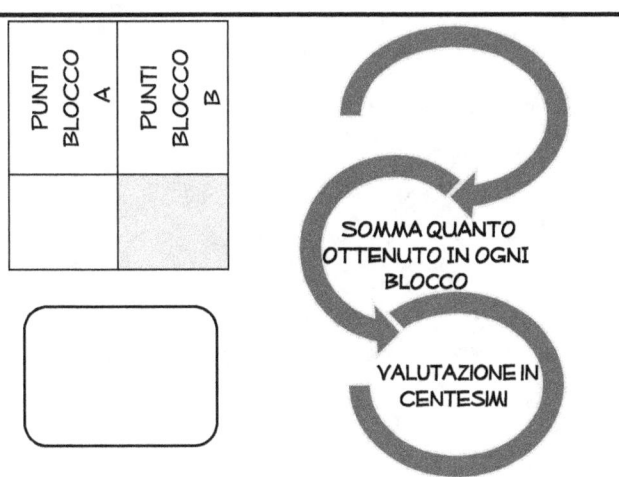

BLOCCO A	CONVERSIONE
0 O 1	0
DA 2 A 6	20
DA 7 A 10	30
DA 11 A 14	40
DA 15 A 18	50
DA 19 A 21	60
BLOCCO B	**CONVERSIONE**
0	0
DA 1 A 3	5
DA 4 A 6	10
DA 7 A 9	20
DA 10 A 12	30
DA 13 A 15	40

PROVA D

VALUTAZIONE 3: COMPETENZE

NUCLEO TEMATICO	QUESITI AFFERENTI	PUNTI TOTALIZZATI	LIVELLO RAGGIUNTO
NUMERI	D3, D7, D11, D13, D20A, D22, D23, D28	/9	
SPAZIO & FIGURE	D2, D4, D9, D12, D18, D21, D24, D26.	/9	
RELAZIONI & FUNZIONI	D6, D8, D10, D14, D16, D20B, D27, D29.	/9	
MISURE, DATI & PREVISIONI	D1, D5, D15, D17, D19, D25.	/9	

Livelli: iniziale, base, intermedio, avanzato.

PROVA E

PROVA E[⊗]

TEMPO A DISPOSIZIONE: 75 MINUTI   ITEMS: 36

E1) Si vuole dipingere un muretto di separazione tra i giardini di due case adiacenti. Il muretto, lungo 5 m, con uno spessore di 0,2 m e una altezza di 1 m, appoggia con una delle facce laterali sulla parete delle case, come in figura.

Quanto misura la superficie da dipingere?

- ☐ A. 10,4 m²
- ☐ B. 11,2 m²
- ☐ C. 11,4 m²
- ☐ D. 12,4 m²

PUNTEGGIO:

[⊗] Si consiglia di svolgerla nel 2° Quadrimestre.

PROVA E

E2) Elisa e Paolo stanno cercando di rispondere a questa domanda:

Qual è la coppia di numeri interi a, b (diversi tra loro) tali che $a^b = b^a$?

Ecco le loro soluzioni:

$a = 1$
$b = 2$
Infatti $1^2 = 2^1$

ELISA

$a = 2$
$b = 4$
Infatti $2^4 = 4^2$

PAOLO

Chi ha ragione?

☐ A. Solo Elisa.

☐ B. Solo Paolo.

☐ C. Entrambi.

☐ D. Nessuno dei due.

PUNTEGGIO:

PROVA E

E3) Pacman è un famoso videogioco che ha conquistato tanti ragazzi.

A) Quanto vale la superficie di Pacman quando le sue labbra, lunghe 12 cm ciascuna, risultano aperte a formare un angolo di 60°, come in figura?

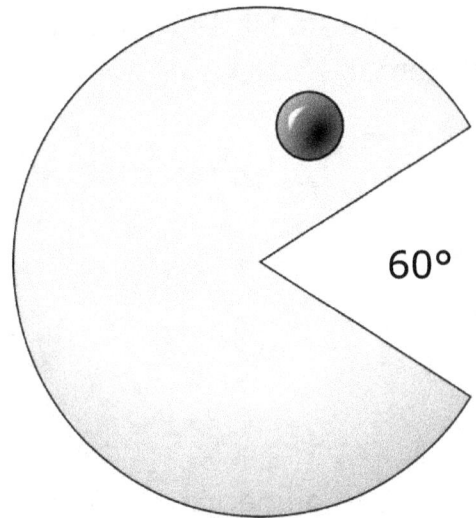

- ☐ A. 24π cm².
- ☐ B. 120π cm².
- ☐ C. 20π cm².
- ☐ D. Nessuna delle precedenti.

B) Riporta i conti fatti per giungere alla soluzione:

_____

_____

_____

PUNTEGGIO:

PROVA E

E4) Marta, Alessia e Cecilia spendono 12 euro per acquistare il materiale di cancelleria necessario per un lavoro di gruppo di Spagnolo.

Marta versa una quota doppia di quella di Cecilia;
Alessia versa la metà della quota di Marta.

Ponendo x = quota versata da Marta, quale di queste equazioni traduce correttamente il problema?

- ☐ A. x + 2x + ½ x = 12.
- ☐ B. x + ½ x + ½ x = 12.
- ☐ C. 2x + x + ½ x = 12.
- ☐ D. x + ½ + ½ x = 12.

PUNTEGGIO:

E5) Considera la seguente serie numerica:

0; 1; 3; 6; 10; 15; 21; _____

A) Completa la serie con il termine che segue logicamente.

B) Quanto bisogna aggiungere al diciannovesimo termine per ottenere il ventesimo termine della serie?

Risposta: _____

PUNTEGGIO:

PROVA E

E6) In una scatola ci sono 5 cubetti, 4 sfere e 2 piramidi.

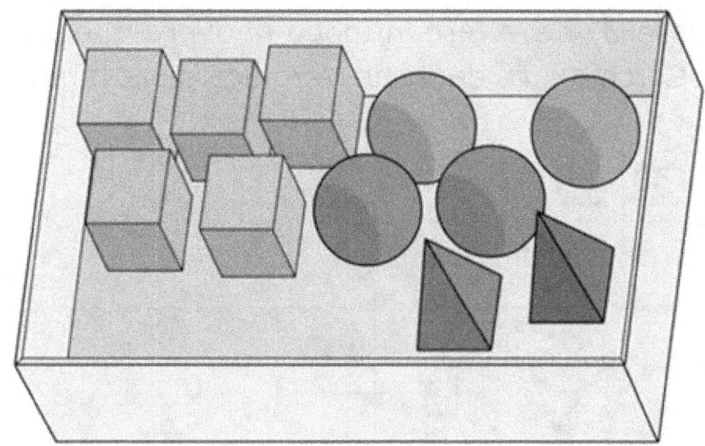

Quanti cubetti vanno aggiunti affinché, estraendo a caso un solido, la probabilità che sia un cubetto sia pari a ½ ?

☐ A. 1

☐ B. 2

☐ C. 4

☐ D. nessuno.

PUNTEGGIO:

E7) Morena è in difficoltà: deve trovare due numeri la cui somma sia -9 e il cui prodotto sia -10.

Quale delle sue compagne le sta dando il suggerimento giusto?

☐ A. Sofia: "Prendi 5 e -2: il loro prodotto viene!"

☐ B. Cecilia: "Devi prendere -5 e -4 perché hanno come somma -9".

☐ C. Martina: "I numeri devono essere discordi e uno di loro è sicuramente 1".

☐ D. Penelope: "C'è più di una soluzione!"

PUNTEGGIO:

PROVA E

E8) Veronica è alle prese con questo rompicapo logico: muovendo esattamente tre dadi in una casella vicina (ogni dado non può muoversi per più di una casella) deve fare in modo di avere in ogni riga e in ogni colonna 3 dadi. Cerchia i tre dadi che Veronica deve muovere.

PUNTEGGIO:

E9) Mattia, osservando dal suo banco, ha rappresentato l'armadio posto nell'aula mediante uno schizzo in prospettiva, cioè come lo vede.

Cerchia la lettera corrispondente alla posizione di Mattia rispetto all'armadio.

Schizzo in prospettiva eseguito dall'allievo

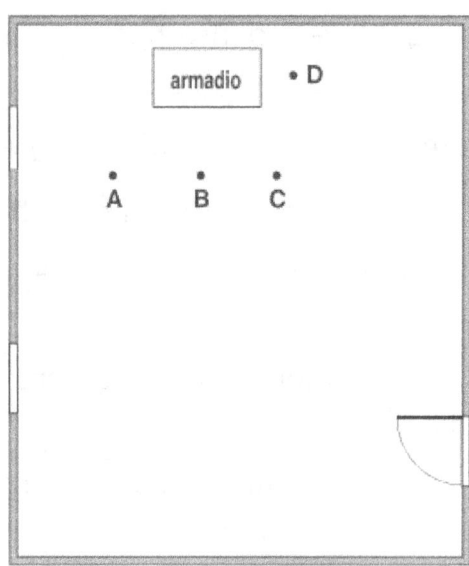

PUNTEGGIO:

PROVA E

E10) Per trovare il 27% di 350 si deve ...

    ☐ A. dividere 350 per 27.

    ☐ B. dividere 350 per 0,27.

    ☐ C. moltiplicare 350 per 27.

    ☐ D. moltiplicare 350 per 0,27.

PUNTEGGIO:

E11) Una scala, costituita da 5 gradini profondi 24 cm e alti 18 cm l'uno, deve essere coperta da una tavola di legno utilizzata come scivolo per il trasporto di alcune merci.

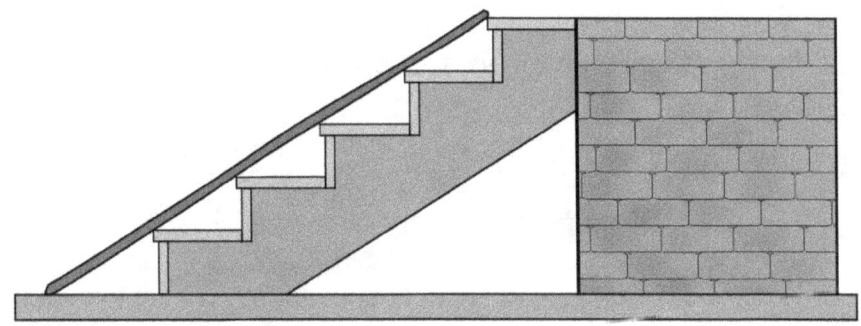

Qual è il procedimento corretto per trovare la lunghezza dello scivolo?

    ☐ A. $5 \cdot (\sqrt{18^2} + \sqrt{24^2})$

    ☐ B. $5 \cdot \sqrt{(18 + 24)^2}$

    ☐ C. $5 \cdot \sqrt{18^2 + 24^2}$

    ☐ D. $\sqrt{5 \cdot (18^2 + 24^2)}$

PUNTEGGIO:

PROVA E

E12) Sophie sta leggendo una ricetta per dolci dove si parla di una quantità di nocciole non superiore a $\frac{1}{3}$ di tazzina da caffè.

Quale frazione è minore di $\frac{1}{3}$?

☐ A. $\frac{1}{2}$

☐ B. $\frac{3}{4}$

☐ C. $\frac{2}{5}$

☐ D. $\frac{2}{7}$

PUNTEGGIO:

E13) Considera le due figure che vedi qui sotto.

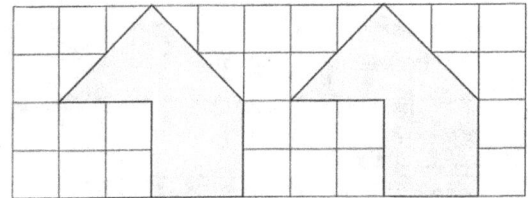

Spostandole nel piano e accostandole, senza mai ribaltarle, è possibile ottenere altre figure.

Quale delle seguenti figure non potrai ottenere?

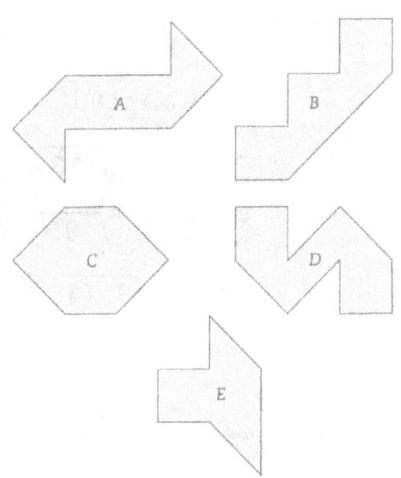

☐ A. La B e la C.

☐ B. La D.

☐ C. La E.

☐ D. La A e la E.

PUNTEGGIO:

E14) La pendenza di un segmento AB è il rapporto tra il tratto verticale HB e il tratto orizzontale AH.

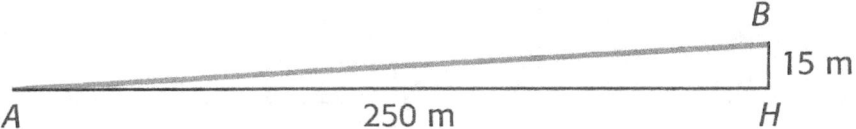

Se ad esempio si ha: HB = 15 m e AH = 250 m, la pendenza risulta essere:

$$AB = \frac{15}{250} = \frac{3}{50} = \frac{6}{100} = 6\%.$$

Osserva ora la figura, che rappresenta la sezione di un fosso:

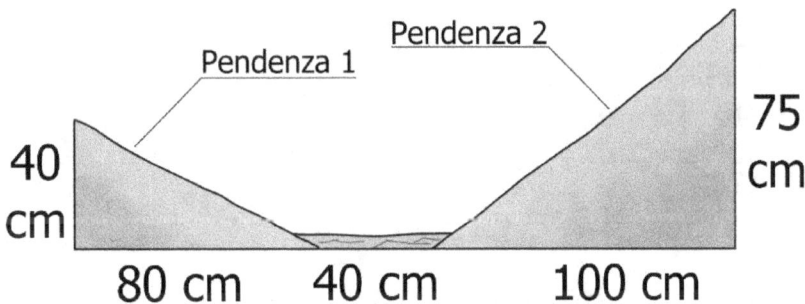

Stabilisci per ognuna delle affermazioni in tabella se è vera oppure falsa.

Affermazione	V	F
La *pendenza 1* del fosso è ½.		
La *pendenza 2* del fosso è del 25%.		
La *pendenza 2* del fosso è del 75%.		

PUNTEGGIO:

PROVA E

E15) Considera la seguente sequenza di fiammiferi:

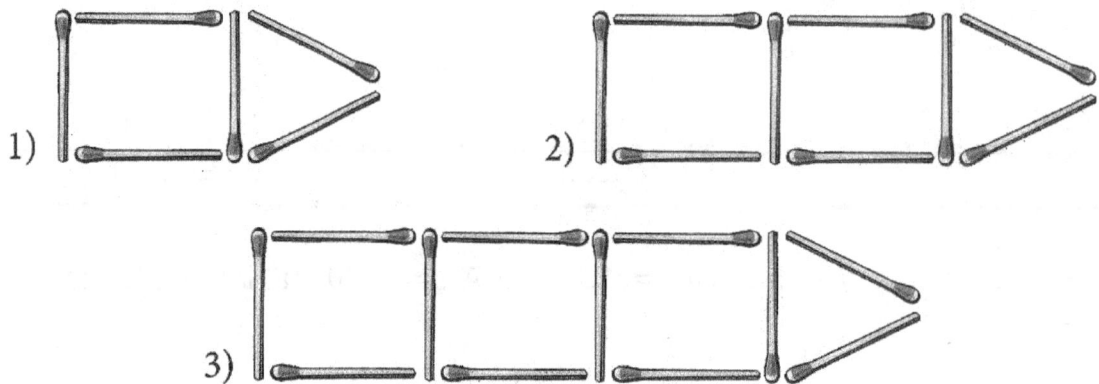

A) Se si continua la sequenza, quanti fiammiferi verranno impiegati per la figura 6?

☐ A. 20
☐ B. 23
☐ C. 21
☐ D. 18

B) Scrivi la regola che ti permette di calcolare quanti fiammiferi ci sono nella figura di posto n (n qualsiasi)

Risposta: N.fiammiferi = _____

PUNTEGGIO:

PROVA E

E16) Niccolò sta effettuando un ripasso di geografia e ha davanti questo areogramma che rappresenta la ripartizione delle terre emerse fra i vari continenti.

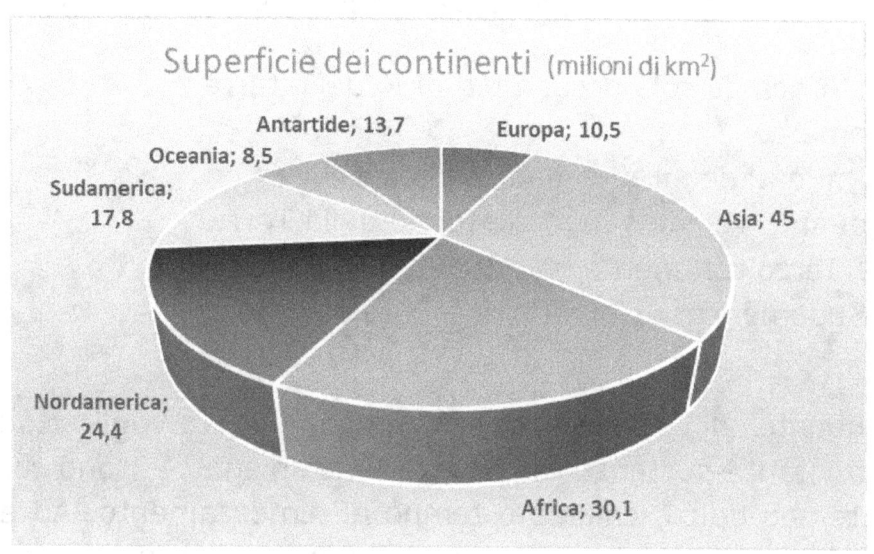

A) L'Europa, in percentuale, quanta porzione di terre emerse occupa?

☐ A. 7%

☐ B. 10%

☐ C. 14%

☐ D. 25%

B) Riporta i conti da te fatti per giungere alla risposta:

_____

_____

_____

PUNTEGGIO:

C) Stabilisci se ciascuna delle seguenti affermazioni è vera o falsa:

Affermazione	V	F
Asia e Africa, insieme, costituiscono il 50% delle terre emerse.		
L'Africa da sola occupa più di ¼ delle terre emerse.		
Dai dati del grafico è possibile calcolare quanto vale la superficie totale della Terra.		
Il terzo continente più piccolo è il Sudamerica.		

E17) L'insegnante di scienze ha da poco parlato agli studenti della radioattività. Le sostanze radioattive – ha spiegato – sono caratterizzate da un tempo tipico, chiamato tempo di dimezzamento. Ad esempio, lo Iodio 131 dimezza la sua massa ogni 8 giorni per decadimento radioattivo.

A) Se in un laboratorio ci sono 2 grammi di Iodio 131, quanti grammi ci saranno fra 16 giorni?

Risposta: _____ g.

B) Quanti giorni ci vogliono in tutto perché lo Iodio 131 si riduca da 2 grammi a 0,250 grammi?

Risposta: _____ giorni.

PUNTEGGIO:

PROVA E

E18) Il grafico in figura rappresenta il numero di gol a partita realizzati dalla squadra di calcio del Rocca Cannuccia durante l'ultimo campionato. La linea continua corrisponde alla media dei gol a partita per le 10 partite di campionato.

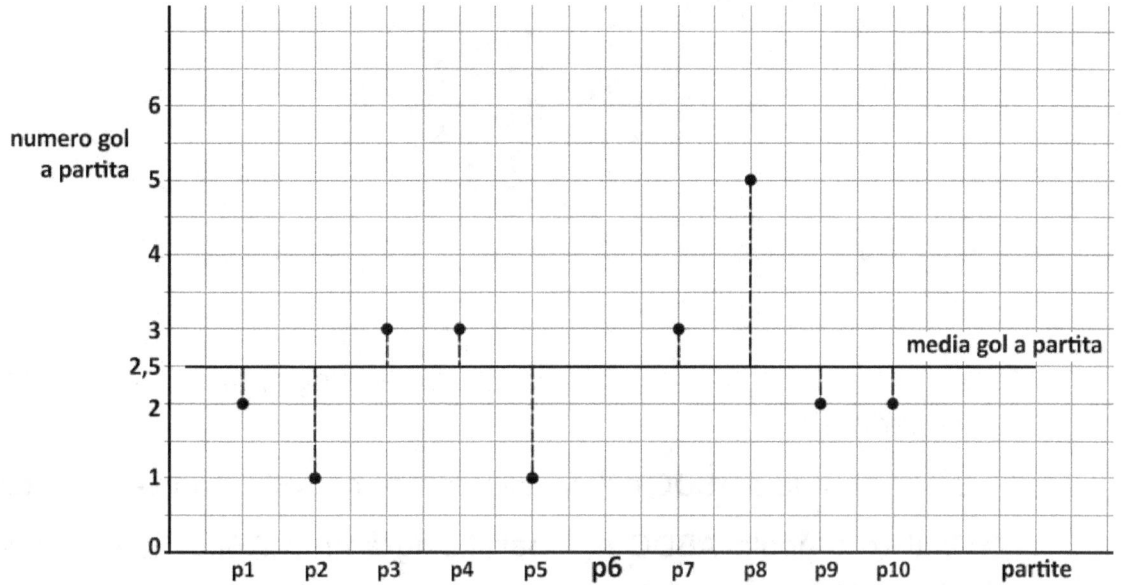

Segna sul grafico il punto corrispondente al numero di gol realizzati dal Rocca Cannuccia nella sesta partita (p6) di campionato.

PUNTEGGIO:

E19) Bernardo sfida Tommaso: *Ci scommetto che sbaglierai... quanto vale la metà di $\frac{1}{10}$?*

☐ A. $\frac{1}{5}$

☐ B. $\frac{1}{20}$

☐ C. 0,5

☐ D. 5

PUNTEGGIO:

PROVA E

E20) Sapendo che le rette f e g sono parallele, individua l'affermazione vera tra quelle proposte a riguardo di questa figura:

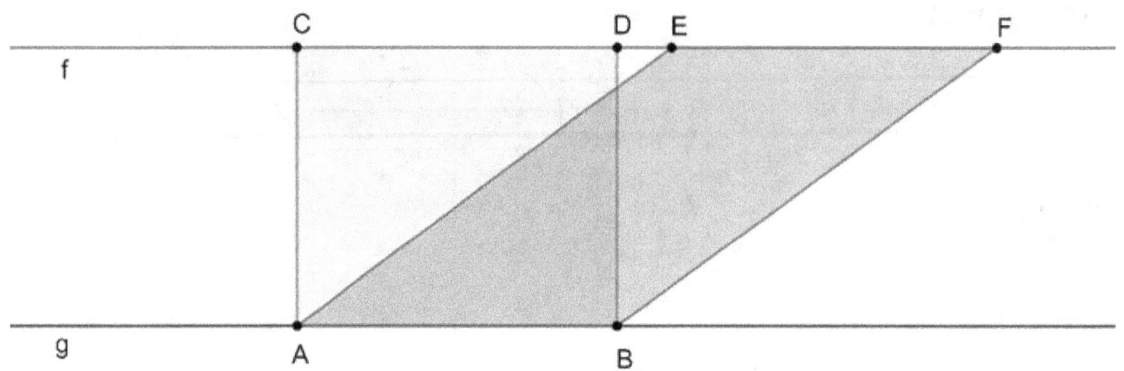

- ☐ A. Il rettangolo ABDC e il parallelogramma ABFE sono isoperimetrici.
- ☐ B. Il rettangolo ABDC e il parallelogramma ABFE sono equivalenti.
- ☐ C. Il rettangolo ABDC e il parallelogramma ABFE hanno stessa Area e stesso Perimetro.
- ☐ D. Il rettangolo ABDC e il parallelogramma ABFE non hanno né stessa area, né stesso perimetro.

PUNTEGGIO:

E21) Quanti minuti ci sono in 4 giorni?

- ☐ A. 14400
- ☐ B. 1800 · 4
- ☐ C. 1440 · 4
- ☐ D. 720 · 4

PUNTEGGIO:

E22) Renzo sta consultando l'orario delle corriere della linea Rapallo – S. Martino – Ruta e quello della tratta secondaria Ruta – S. Rocco.

RAPALLO F.S. - S.MARTINO - RUTA   SOLO FERIALE

Linea n.	80	83	80	7M	80	98	80	7M	80	98	80	85	80	7P	80
RAPALLO FS	06.15	10.11	·	11.36	·	12.10	·	13.41	13.10	14.10	·	18.55	·	19.36	·
CAMPO GOLF	06.20	10.17	·	11.43	·	12.16	·	13.48	13.17	14.16	17.10	19.02	·	19.43	·
S.ANNA asilo	06.22	—	·	11.45	·	12.19	·	13.50	—	14.19	17.16	19.04	·	19.45	20.08
OSPEDALE	06.24	—	10.13	—	11.53	12.21	12.40	—	—	14.21	—	19.06	17.17	19.47	—
S.ANNA asilo	—	10.20	—	—	—	·	·	—	13.19	·	—	·	17.20	·	—
PINETA	06.28	10.22	10.17	11.47	11.57	·	12.44	13.52	13.22	·	14.35	·	17.22	·	20.10
S. MARIA	06.30	·	10.20	11.50	12.00	·	12.47	13.55	13.25	·	14.38	·	17.25	·	20.13
S. MARTINO	06.37	·	10.27	·	12.07	·	12.54	·	13.32	14.31	14.45	·	17.32	·	20.20
RUTA	06.40	·	10.30	·	12.10	·	12.57	·	13.35	·	14.48	·	17.35	·	20.23

Linea n.	74	74	74	74	74	74	74	74
RUTA	06.40	08.25	10.45	12.35	14.08	14.55	17.35	19.30
S. ROCCO	06.48	08.35	10.55	12.45	14.18	15.05	17.45	19.40

(ulteriori: 20.28 / 20.35)

A) Se Renzo, partendo dall'Ospedale alla mattina, vuole arrivare a San Rocco, quale corriera è bene che prenda perché abbia un margine sufficiente per la coincidenza e, al contempo, non debba aspettarla più di 20 minuti?

☐ A. La n. 80 delle 6.24.

☐ B. La n. 80 delle 10.13.

☐ C. La n. 80 delle 11.53.

☐ D. La n. 80 delle 12.40.

B) Se Renzo partisse da Rapallo con la corriera n. 98 delle ore 12:10 e tutte le corriere fossero puntuali, quanti minuti impiegherebbe, complessivamente, tra viaggi e tempi di attesa, ad arrivare a S. Rocco?

Risposta: _____

PUNTEGGIO:

E23) Per tenere aperte le porte a volte si usano dei cunei di legno come quello in figura. Lo spigolo a è perpendicolare allo spigolo b e allo spigolo d.

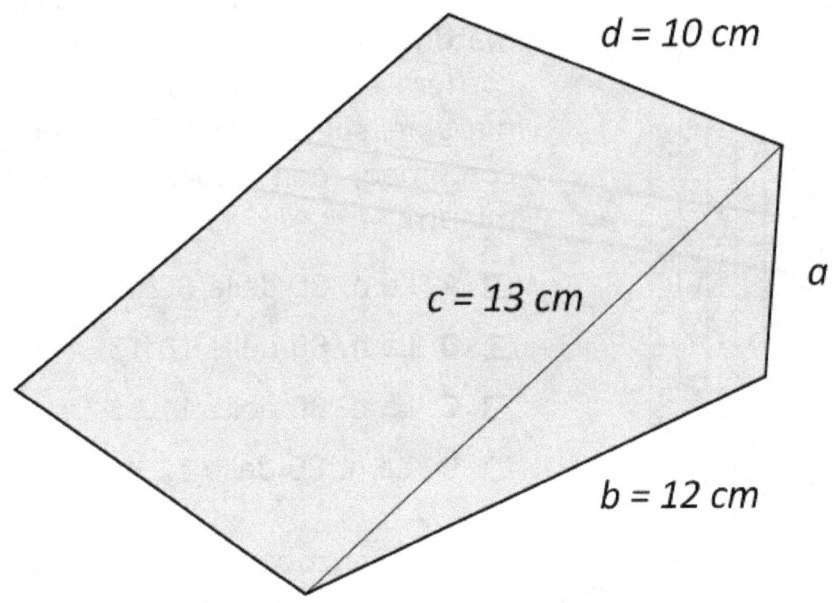

A) Due cunei come quello in figura vengono incollati in modo da formare un parallelepipedo rettangolo. Quali sono le dimensioni del parallelepipedo così ottenuto?

- ☐ A. 12 cm; 10 cm; 5 cm.
- ☐ B. 13 cm; 12 cm; 5 cm.
- ☐ C. 26 cm; 24 cm; 10 cm.
- ☐ D. 24 cm; 20 cm; 10 cm.

B) Qual è l'area della superficie inclinata del cuneo?

Risposta: _____ cm².

PUNTEGGIO:

PROVA E

E24) Un irrigatore è un dispositivo che distribuisce acqua alle piante. Il grafico in figura rappresenta la relazione tra la distanza di una pianta dall'irrigatore e la quantità di acqua fornita (per unità di superficie).

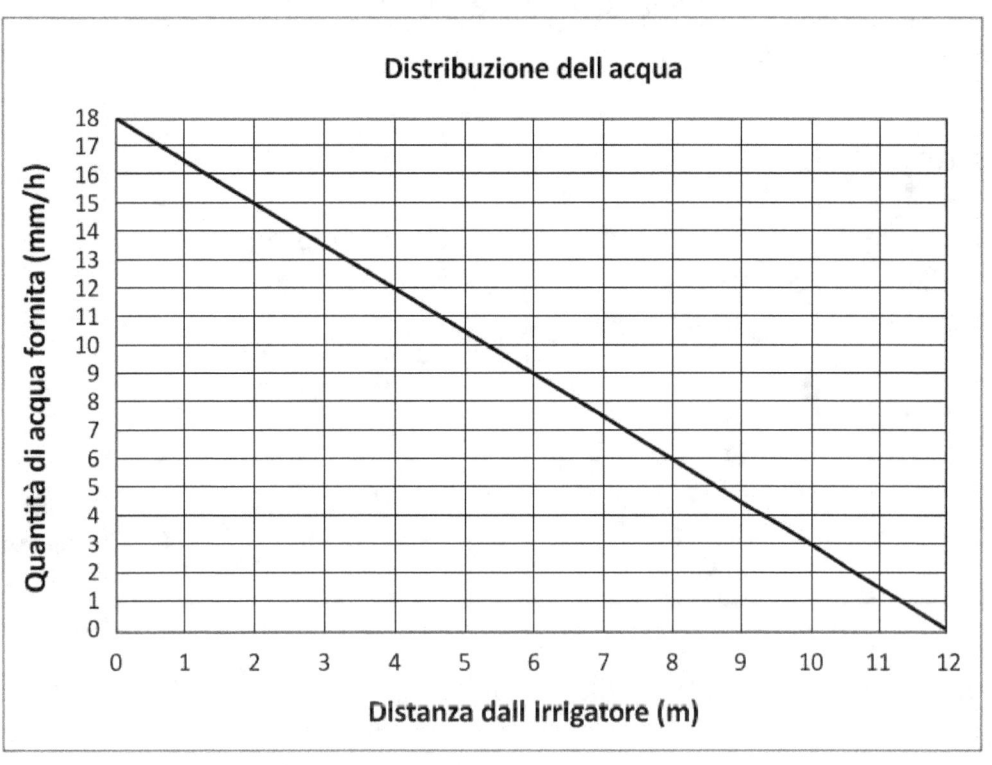

A) Quanti millimetri di acqua all'ora (mm/h) riceve una pianta posta a 2 metri dall'irrigatore?

Risposta: _____ mm/h.

B) A quale distanza si deve porre l'irrigatore in modo che una pianta riceva 6 millimetri di acqua all'ora?

Risposta: _____ m.

PUNTEGGIO:

PROVA E

E25) Seguendo il percorso indicato dalla linea tratteggiata sulla mappa, Enrico parte in auto da Castro, va ad Abate a prendere un amico e riparte con lui per andare a S. Teodoro. Dopo aver fatto 52 km dalla partenza da Castro, si ferma lungo la strada tra due località a fare rifornimento a un distributore di benzina.

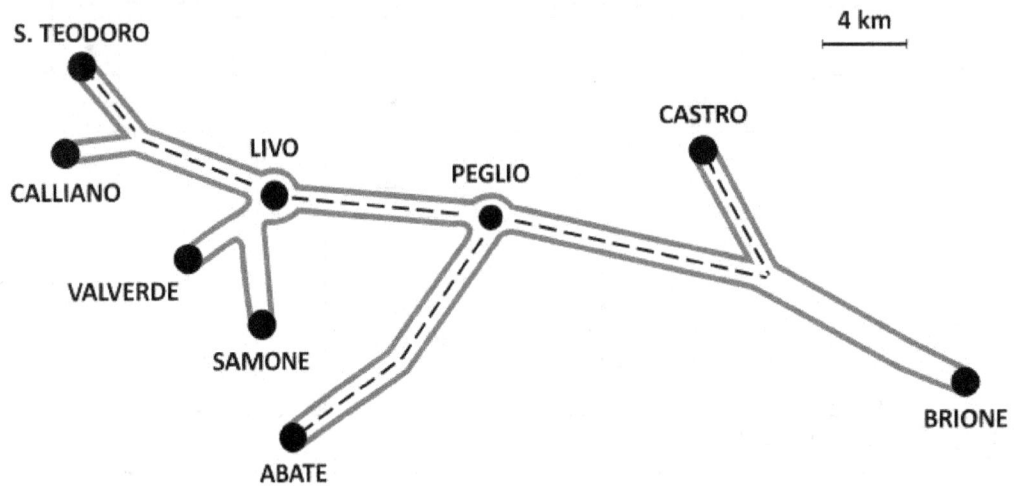

Indica con una crocetta sulla mappa la posizione del distributore.

PUNTEGGIO:

E26) Una moneta da 20 centesimi è...

- A. $\frac{1}{8}$ di una banconota da 5 euro.
- B. $\frac{2}{5}$ di una banconota da 5 euro.
- C. $\frac{1}{16}$ di una banconota da 5 euro.
- D. $\frac{1}{25}$ di una banconota da 5 euro.

PUNTEGGIO:

E27) I mazzi di carte da gioco possono essere differenti: consideriamo un mazzo di 40 carte formato dai cosiddetti "semi francesi": cuori, quadri, fiori e picche. Di ogni seme troviamo i numeri 2, 3, 4, 5, 6, 7, più l'asso e le figure, che sono fante, donna e re.

Se estraiamo una carta a caso da un mazzo francese da 40 carte, quale dei seguenti eventi ha la maggiore probabilità di verificarsi?

☐ A. La carta estratta è una carta di cuori.

☐ B. La carta estratta non sia una figura.

☐ C. La carta estratta sia un asso o una figura.

☐ D. La carta estratta sia un cinque o una carta di fiori.

PUNTEGGIO:

PROVA E

HAI TERMINATO LA PROVA!

SE HAI ANCORA DEL TEMPO, RILEGGI E RIGUARDA I QUESITI...

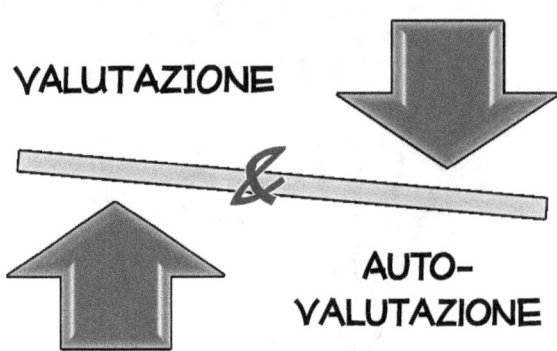

Da compilare <u>prima</u> della correzione e della valutazione!

AUTOVALUTAZIONE

Gli esercizi della prova erano:

- ☐ semplici;
- ☐ della giusta difficoltà;
- ☐ impegnativi;
- ☐ difficili.

Ho trovato maggiori difficoltà (anche più risposte):

- ☐ nella comprensione del testo;
- ☐ nell'esecuzione dei calcoli;
- ☐ nel sapere che formule/regole usare;
- ☐ nel tempo a disposizione.

Credo di aver fatto meglio gli esercizi (anche più risposte):

- ☐ di calcolo numerico;
- ☐ di geometria;

PROVA E

☐ di logica, ragionamento e intuizione (problemi);
☐ relativi a grafici, tabelle, previsioni ed equivalenze.

Ho trovato particolarmente belli e/o originali e/o divertenti gli esercizi:
_____

_____

* * *

VALUTAZIONE 1:

VALUTAZIONE 2:

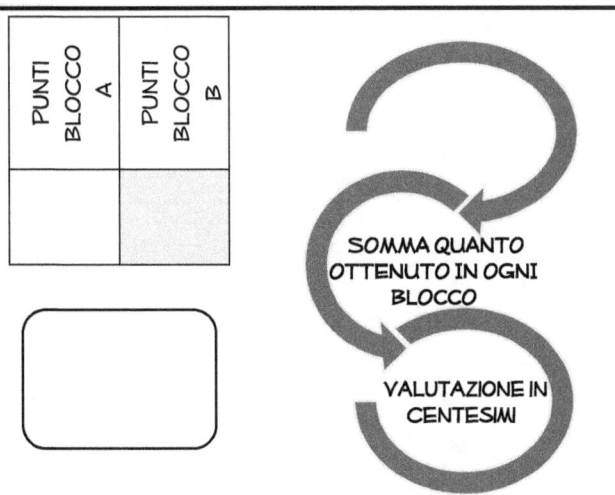

BLOCCO A	CONVERSIONE
0 O 1	0
DA 2 A 6	20
DA 7 A 10	30
DA 11 A 14	40
DA 15 A 18	50
DA 19 A 21	60
BLOCCO B	CONVERSIONE
0	0
DA 1 A 3	5
DA 4 A 6	10
DA 7 A 9	20
DA 10 A 12	30
DA 13 A 15	40

PROVA E

VALUTAZIONE 3: COMPETENZE

NUCLEO TEMATICO	QUESITI AFFERENTI	PUNTI TOTALIZZATI	LIVELLO RAGGIUNTO
NUMERI	E2, E4, E7, E10, E12, E14, E16A, E16B, E19, E26.	/10	
SPAZIO & FIGURE	E1, E3, E9, E11, E13, E20, E23.	/9	
RELAZIONI & FUNZIONI	E5, E8, E15, E17, E24.	/9	
MISURE, DATI & PREVISIONI	E6, E16C, E18, E21, E22, E25, E27.	/8	

Livelli: iniziale, base, intermedio, avanzato.

PROVA F

TEMPO A DISPOSIZIONE: 75 MINUTI   ITEMS: 36

F1) La collana di Lucrezia è composta da pietre bianche e nere: ogni due pietre bianche c'è una pietra nera.

Sapendo che la collana è composta da un numero dispari di pietre nere, cosa puoi dire delle pietre bianche?

☐ A. Sono in numero pari.

☐ B. Sono in numero dispari.

☐ C. Possono essere sia pari che dispari.

☐ D. Sono sempre un multiplo di 3.

PUNTEGGIO:

F2) Quale tra i seguenti punti della linea dei numeri è più vicino a $\sqrt{8}$?

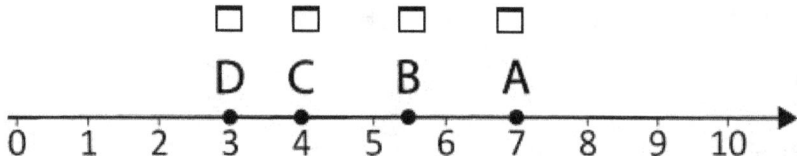

PUNTEGGIO:

⊗ Si consiglia di svolgerla nel 2° Quadrimestre.

PROVA F

F3) Per pavimentare un locale rettangolare si sono utilizzate 400 piastrelle quadrate con il lato lungo 30 cm e non è stato necessario rompere alcuna piastrella.

Quali tra le seguenti possono essere le dimensioni della stanza?

- ☐ A. 4 m e 9 m.
- ☐ B. 10 m e 4 m.
- ☐ C. 3m e 12 m.
- ☐ D. 6m e 9m.

F4) Laura non ricorda bene la combinazione del lucchetto della sua bicicletta. La combinazione si ottiene girando quattro rotelline, ognuna delle quali riporta tute le cifre da 0 a 9.

Laura non ricorda per nulla la seconda cifra della combinazione ma sa che
- la prima cifra è 6
- la terza cifra è 3 o 4
- l'ultima cifra è 1

Quante combinazioni al massimo dovrà provare Laura per riuscire ad aprire il lucchetto della sua bicicletta?

- ☐ A. 2
- ☐ B. 3
- ☐ C. 10
- ☐ D. 20

PROVA F

F5) In una delle coppie di numeri elencate sotto, il primo numero è minore di 1,25 e il secondo numero è maggiore di 1,25. In quale?

☐ A. $\frac{8}{4}$ e $\frac{9}{4}$

☐ B. $\frac{3}{5}$ e $\frac{4}{5}$

☐ C. $\frac{2}{2}$ e $\frac{3}{2}$

☐ D. $\frac{9}{10}$ e $\frac{12}{10}$

PUNTEGGIO:

F6) Il seguente grafico rappresenta alcune caratteristiche fisiche di tre famosi laghi.

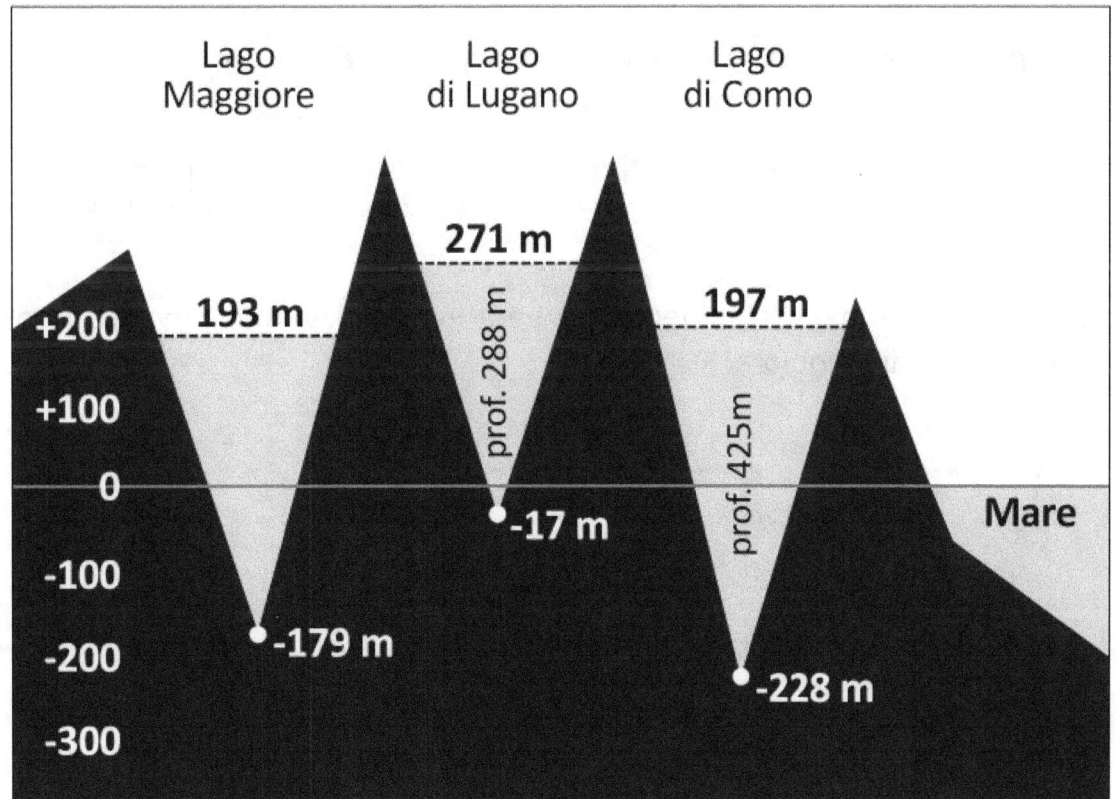

PROVA F

Stabilisci se ciascuna delle seguenti affermazioni è vera o falsa:

Affermazione	V	F
La linea dello zero rappresenta il livello del mare.		
La profondità del Lago Maggiore è 372 m.		
La differenza di altitudine tra la superficie del lago di Lugano e quella del lago di Como è di 74 m.		
Il punto più profondo del Lago di Como è 228 m al di sotto del punto più profondo del Lago di Lugano.		
La superficie del Lago di Como è a 425 m sopra il livello del mare.		

PUNTEGGIO:

F7) Per formare il parallelepipedo che vedi in figura si incollano tra loro tre cubi uguali di spigolo a.

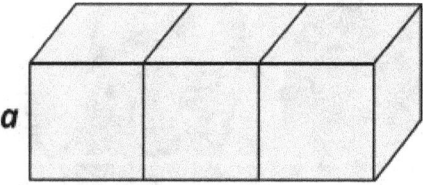

Qual è la superficie totale del parallelepipedo così ottenuto?

☐ A. $6a^2$

☐ B. $7a^2$

☐ C. $14a^2$

☐ D. $18a^2$

PUNTEGGIO:

F8) Gianmarco sta riflettendo sulle proprietà dei numeri e cerca di utilizzare la logica e l'algebra per stabilire quali tra queste affermazioni a riguardo di 2 generici numeri naturali a e b sono vere e quali false. Sai aiutarlo?

Affermazione	V	F
Se a è un multiplo di 6 e b è un multiplo di 4, allora a · b è un multiplo di 8.		
Se a è un multiplo di 5 e b è un multiplo di 10, allora a · b è divisibile per 25		
Se a+b è pari, allora almeno uno dei due addendi, a oppure b, è pari.		
Se a è divisibile per 10, allora a+1 è divisibile per 11.		

PUNTEGGIO:

F9) Osserva la figura.

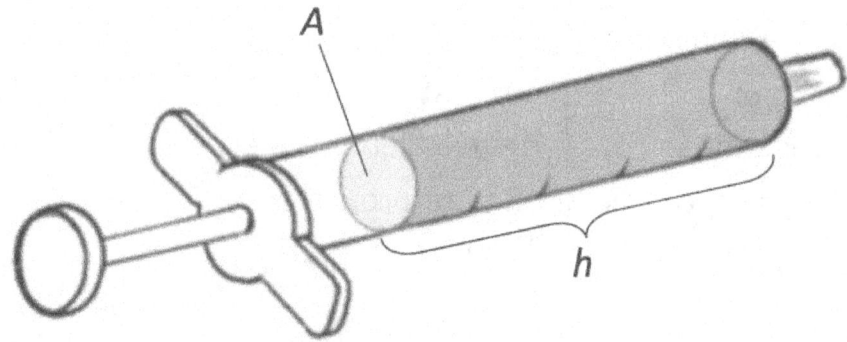

La lunghezza della colonna del liquido contenuto nella siringa è indicata con h. Il volume del liquido è V.

A) Scrivi la formula che ti permette di calcolare l'area A della sezione della siringa conoscendo h e V.

Risposta: A = _____ .

PROVA F

B) Lo stesso volume V di liquido viene messo in una seconda siringa e la lunghezza della colonna di liquido diventa il doppio. L'area della sezione di questa siringa rispetto alla prima è

☐ A. il doppio.
☐ B. un quarto.
☐ C. la metà.
☐ D. il quadruplo.

PUNTEGGIO:

F10) Considera la frazione $\frac{400}{500}$ e stabilisci se ciascuna delle seguenti affermazioni è vera o falsa:

Affermazione	V	F
Aggiungo 1 al numeratore: $\frac{401}{500}$ è maggiore di $\frac{400}{500}$.		
Aggiungo 1 al denominatore: $\frac{400}{501}$ è minore di $\frac{400}{500}$.		
Aggiungo 1 sia al numeratore sia al denominatore: $\frac{401}{501}$ è equivalente a $\frac{400}{500}$.		
Sottraggo 1 sia al numeratore sia al denominatore: $\frac{399}{499}$ è equivalente a $\frac{400}{500}$.		

PUNTEGGIO:

F11) Quizzetto di logica: completa la sequenza!

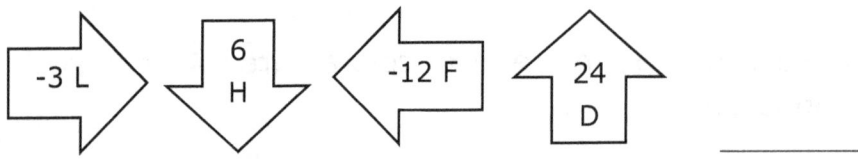

PUNTEGGIO:

F12) La signora Luisa e la signora Marisa utilizzano un numero diverso di mollette quando devono stendere più di un telo, come in figura.

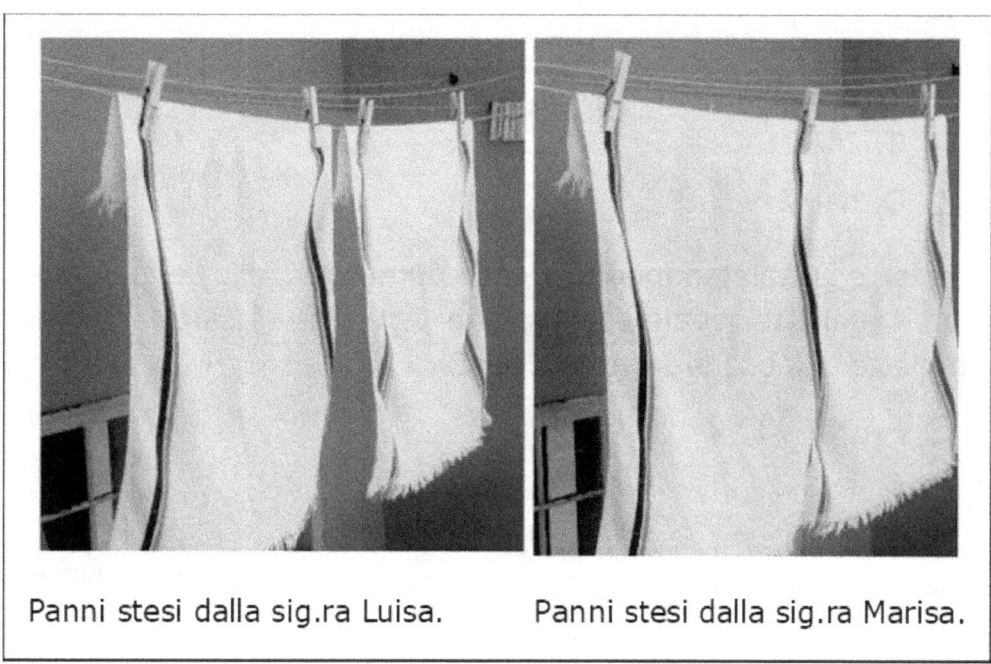

Panni stesi dalla sig.ra Luisa.   Panni stesi dalla sig.ra Marisa.

A) Completa opportunamente la seguente tabella.

Numero di Teli	N. mollette usate da Luisa	N. mollette usate da Marisa
2	4	3
3	6	4
4	8	5
6		
	20	
		20

PROVA F

B) Quale fra le seguenti espressioni rappresenta il numero di mollette usate dalla signora Marisa per stendere n teli?

☐ A. n − 1

☐ B. n + 1

☐ C. 2n − 1

☐ D. n + 2

C) Marisa e Luisa stendono lo stesso numero di teli. Se la signora Marisa usa x mollette, quale espressione permette di calcolare il numero di mollette che usa la signora Luisa?

☐ A. (x − 1) · 2

☐ B. 2x − 1

☐ C. x + 1

☐ D. x : 2 + 1

F13) La zia di Giulio ha un tavolo rotondo, il cui dimetro è pari a 150 cm. Lo vuole coprire con una tovaglia che sporga 20 cm per parte.

Quale conto bisogna fare per trovare l'area della tovaglia?

☐ A. $95^2 \cdot \pi$

☐ B. $85^2 \cdot \pi$

☐ C. $170^2 \cdot \pi$

☐ D. $150^2 \cdot \pi$

PROVA F

F14) In un sacchetto ci sono solo 4 palline blu. Quante palline verdi si devono inserire nel sacchetto affinché la probabilità di estrarre una pallina verde sia $\frac{2}{3}$?

- A. 2
- B. 12
- C. 6
- D. 8

PUNTEGGIO:

F15) In un dado da gioco regolare la somma dei numeri sulle facce opposte dà sempre 7.
Quale di questi è lo sviluppo piano di un dado da gioco regolare?

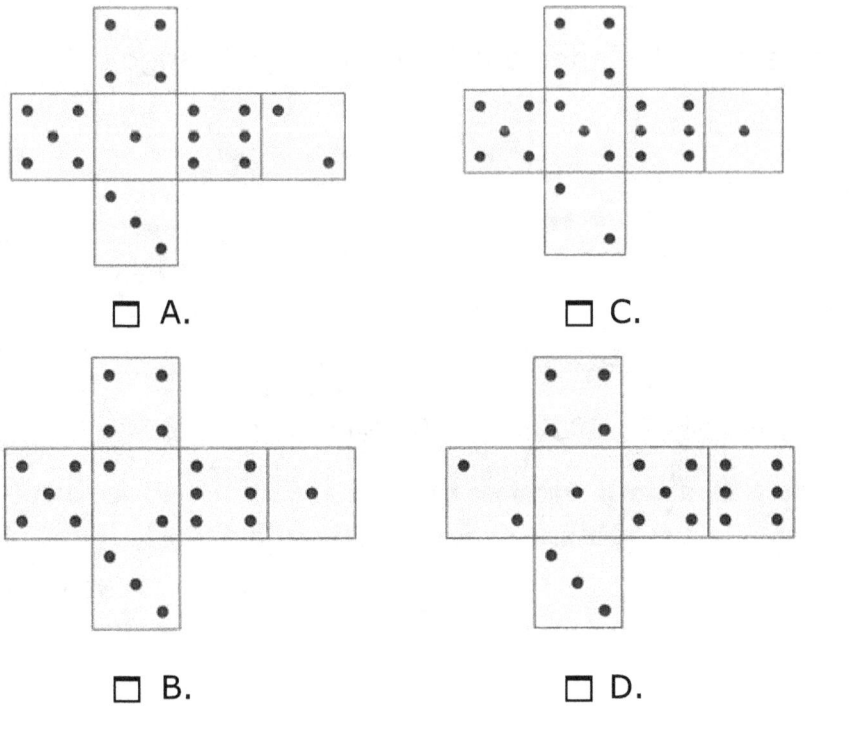

- A.
- B.
- C.
- D.

PUNTEGGIO:

F16) Osserva la figura.

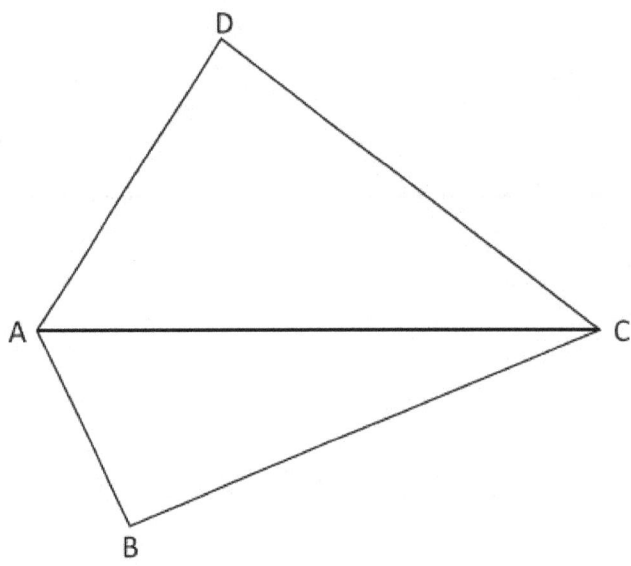

L'area del triangolo ABC è $\frac{2}{5}$ dell'area del quadrilatero ABCD.

Qual è il rapporto fra l'area del triangolo ACD e l'area del triangolo ABC?

- ☐ A. 2:3
- ☐ B. 3:2
- ☐ C. 3:5
- ☐ D. 5:3

PUNTEGGIO:

F17) Quale numero rende vera la seguente uguaglianza?

$$0{,}4 \cdot \underline{} = \tfrac{1}{2}$$

PUNTEGGIO:

F18) Osserva la figura. AC è il diametro di una circonferenza di centro O.

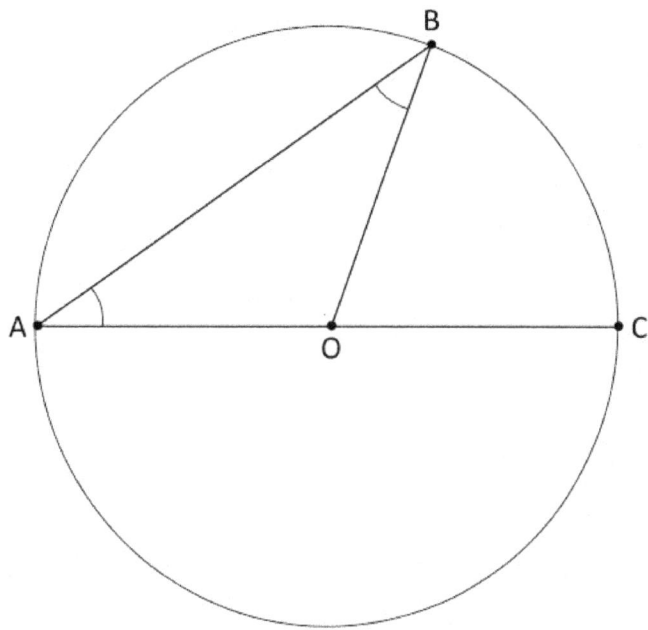

Nel triangolo AOB, l'angolo BAO è uguale all'angolo OBA. Immagina di muovere il punto B sulla circonferenza. Gli angoli BAO e OBA sono ancora uguali tra loro? Scegli la risposta e completa la frase.

☐ Sì, perché _____

_____

_____

☐ No, perché _____

_____

_____

PUNTEGGIO:

F19) Il seguente grafico illustra il percorso fatto da un'automobilista in 1h e 50 minuti di guida.

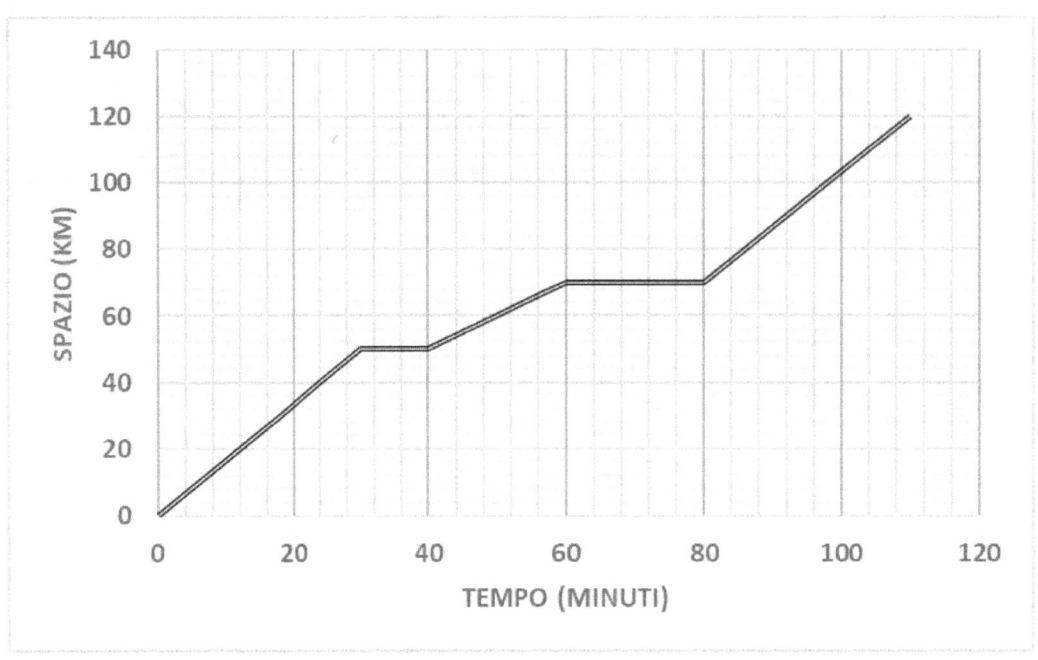

Stabilisci se ciascuna delle seguenti affermazioni è vera o falsa:

Affermazione	V	F
L'automobilista ha percorso in tutto 120 km a velocità costante.		
L'automobilista ha compiuto due soste.		
La velocità dell'automobilista nel tratto tra 70 km e 120 km è stata di 120 km/h.		
Nei tratti tra 0 e 50 km e nei tratti tra 80 e 120 km la velocità è stata la stessa.		

PUNTEGGIO:

PROVA F

F20) Nella seguente tabella è indicato il numero di clienti che il ristorante "Baciccia" ha avuto nel corso di una certa settimana.

Lunedì	Martedì	Mercoledì	Giovedì	Venerdì	Sabato	Domenica
10	15	5	30	50	100	100

Duccio, il proprietario, afferma che quella settimana i clienti sono stati in media 50 al giorno. Ma si sbaglia. Perché?

☐ A. Perché per 2 giorni i clienti sono stati 100.

☐ B. Perché la media è superiore a 50.

☐ C. Perché la media è inferiore a 50.

☐ D. Perché solo il venerdì i clienti sono stati 50.

PUNTEGGIO:

F21) Nella seguente tabella sono riportate le longitudini e le latitudini di alcune città del mondo.

Città	Longitudine	Latitudine
New York	74W	40N
Buenos Aires	58W	34S
Sydney	144E	37S
Pechino	116E	40N
Londra	0	51N
Città del Capo	18E	34S
Anchorage	150W	61N

Le piovosità medie nel mese di giugno delle città elencate in tabella sono rappresentate nel grafico da cerchi con centro in corrispondenza delle coordinate della città. L'area dei cerchi è proporzionale ai millimetri di pioggia caduta. Sull'asse orizzontale è riportata la longitudine, sull'asse verticale la latitudine.

PROVA F

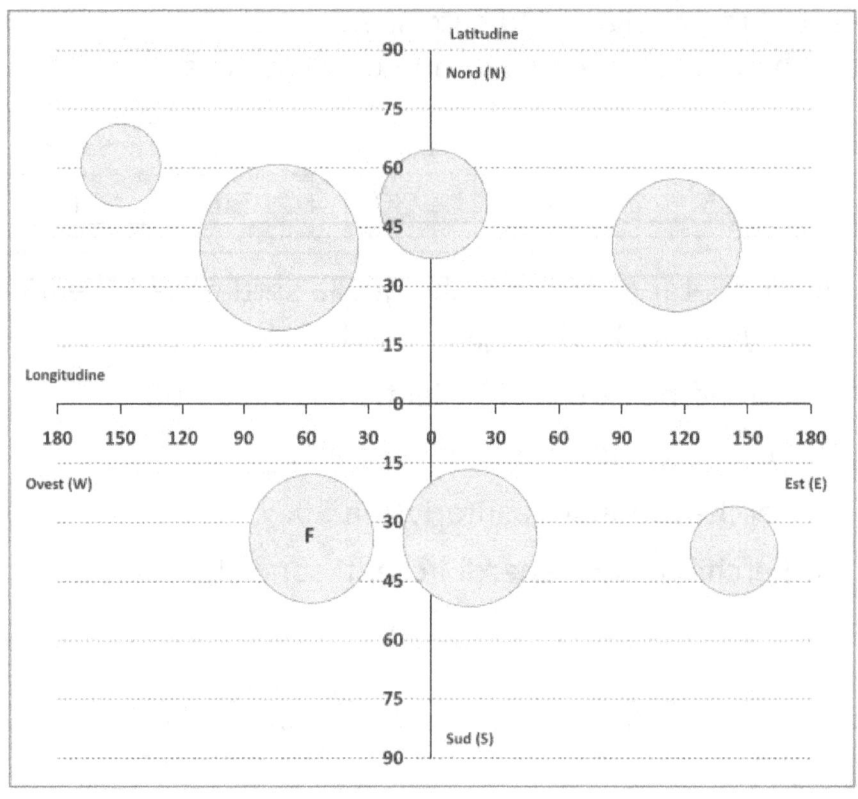

A) Indica con una crocetta il cerchio che corrisponde alla città di Londra.

B) A quale città corrisponde il cerchio contrassegnato con la lettera F?

Risposta: _____

C) In quale dei seguenti elenchi le città sono ordinate dalla più piovosa alla meno piovosa?

☐ A. Pechino – New York – Sydney.
☐ B. New York – Pechino – Sydney.
☐ C. Sydney – New York – Pechino.
☐ D. Sydney – Pechino – New York.

PROVA F

F22) Osserva i triangoli nella seguente figura.

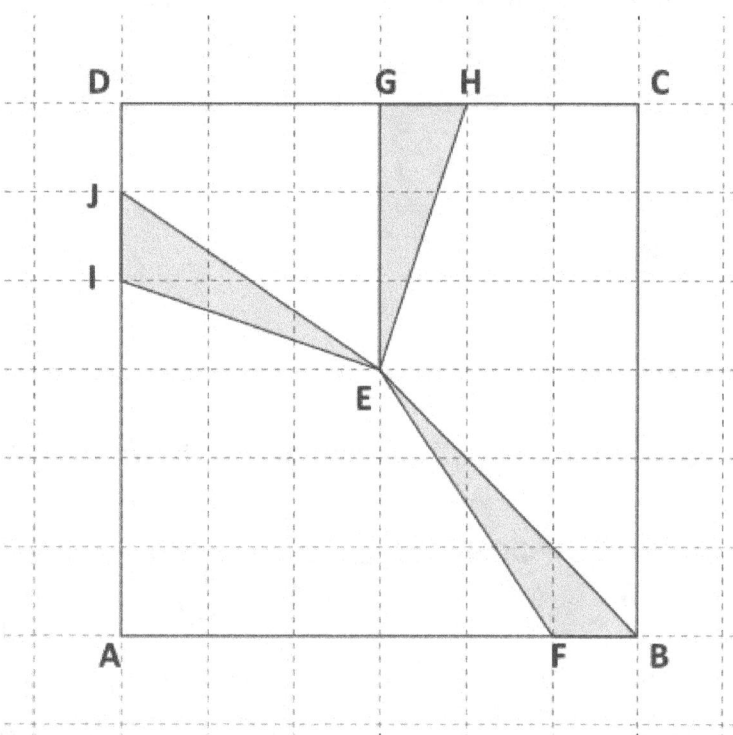

A) Quale delle seguenti affermazioni è corretta?

☐ A. I tre triangoli hanno stessa area e stesso perimetro.

☐ B. I tre triangoli hanno stessa area e diverso perimetro.

☐ C. I tre triangoli hanno diversa area e stesso perimetro.

☐ D. I tre triangoli hanno diversa area e diverso perimetro.

B) Posiziona sul lato AB del quadrato il punto P in modo che il triangolo AEP abbia area doppia del triangolo EFB.

PUNTEGGIO:

F23) A un torneo di tennis, uno contro uno, partecipano 16 giocatori. Il torneo si svolge a eliminazione diretta, cioè chi perde una partita viene eliminato.

  A) Qual è il numero di partite necessario per stabilire il vincitore del torneo?

   ☐ A. 8

   ☐ B. 15

   ☐ C. 16

   ☐ D. 32

  B) Gabriele ha vinto il torneo. Quante partite ha giocato?

   Risposta: _____.

F24) Carlo il sacrestano ha comperato per don Matteo due differenti candele di cera: entrambe sono alte 30 cm ma si consumano con ritmi differenti. Dopo averle poste ciascuna su un portacandela in posizione verticale e dopo averle accese, Carlo osserva che la candela A si accorcia di 0,5 cm ogni 3 minuti, mentre la candela B si accorcia di 0,5 cm ogni minuto.

Candela A   Candela B

PROVA F

A) Dopo 10 minuti di quanto si saranno accorciate le due candele?

☐ A. Candela A: circa 1,6 cm; Candela B: 5 cm.

☐ B. Candela A: circa 3 cm; Candela B: 1 cm.

☐ C. Candela A: circa 15 cm; Candela B: 10 cm.

☐ D. Candela A: circa 9 cm; Candela B: 10 cm.

B) Quale delle seguenti formule esprime l'altezza L (in centimetri) della candela B al variare del numero n di minuti?

☐ A. L = 30 − 3·n

☐ B. L = 30 − 1,5·n

☐ C. L = 30 − n

☐ D. L = 30 − 0,5·n

PUNTEGGIO:

F25) Una scatola a forma di parallelepipedo ha quattro facce rettangolari uguali di dimensioni 6 cm e 10 cm.

Stabilisci se ciascuna delle seguenti affermazioni è vera o falsa:

Affermazione	V	F
Le altre due facce possono essere due quadrati di 6 cm x 6 cm.		
Le altre due facce possono essere un quadrato di 6 cm x 6 cm e un rettangolo di 6 cm x 10 cm.		
Le altre due facce possono essere un quadrato di 10 cm x 10 cm e un rettangolo di 6 cm x 10 cm.		
Le altre due facce possono essere due quadrati di 10 cm x 10 cm.		

PUNTEGGIO:

143

PROVA F

F26) Quanto tempo si impiega per contare fino a 10.000 se si conta alla velocità di un numero al secondo?

☐ A. Meno di due ore.
☐ B. Più di quattro ore.
☐ C. Tra le due e le tre ore.
☐ D. Tra le tre e le quattro ore.

PUNTEGGIO:

F27) Il Giro d'Italia o "corsa Rosa" (dal colore della maglia che indossa il corridore che è in testa) è una gara ciclistica su strada che appassiona molti italiani fin dal 1909. Questo è il profilo altimetrico di una delle tappe che si è svolta in una delle scorse edizioni:

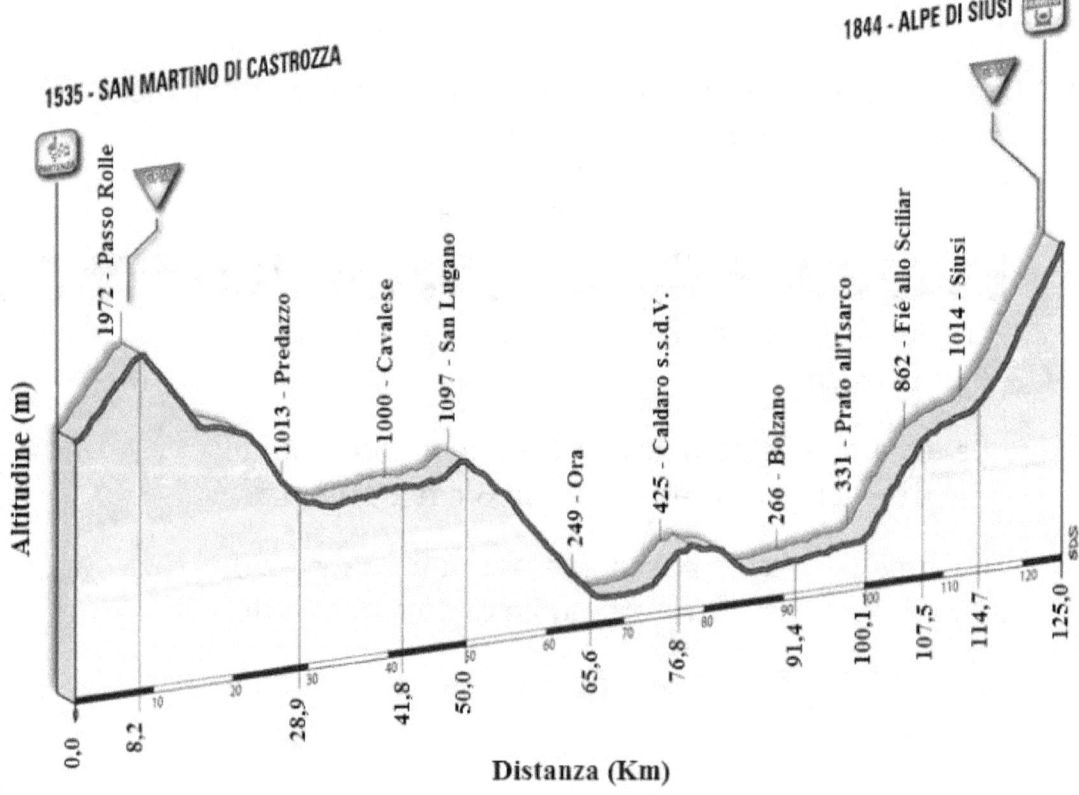

PROVA F

Stabilisci se ciascuna delle seguenti affermazioni è vera o falsa:

Affermazione	V	F
La tappa è lunga 125 km.		
L'altitudine massima raggiunta è 1844 m.		
Il dislivello tra Bolzano e l'arrivo (Alpe di Siusi) è 2110 m.		
La distanza tra Bolzano e l'arrivo (Alpe di Siusi) è 33,6 km.		

PUNTEGGIO:

F28) Nicoletta ha questi 4 cartelli davanti:

$x=5$, $y=6$ | $x=4$, $y=8$ | $x=8$, $y=4$ | $x=7$, $y=4$

Mentre su un cartellone ha scritti questi due problemi:

a) La somma di due numeri x e y è 11 e la loro differenza è 3.

b) Il prodotto dei numeri x e y è 32 e il numero y è la metà de numero x.

Completa questa frase: *Nicoletta trova la soluzione del problema a) sul cartello n. _____ e la soluzione del problema b) sul cartello n. _____.*

PUNTEGGIO:

PROVA F

HAI TERMINATO LA PROVA!

SE HAI ANCORA DEL TEMPO, RILEGGI E RIGUARDA I QUESITI...

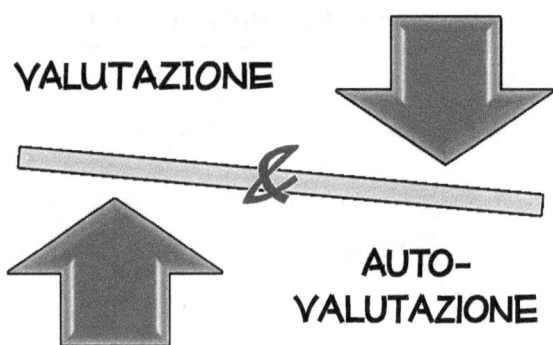

Da compilare <u>prima</u>
della correzione e della valutazione!

AUTOVALUTAZIONE

Gli esercizi della prova erano:

☐ semplici;   ☐ della giusta difficoltà;

☐ impegnativi;   ☐ difficili.

Ho trovato maggiori difficoltà (anche più risposte):

☐ nella comprensione del testo;
☐ nell'esecuzione dei calcoli;
☐ nel sapere che formule/regole usare;
☐ nel tempo a disposizione.

PROVA F

Credo di aver fatto meglio gli esercizi (anche più risposte):

- ☐ di calcolo numerico;
- ☐ di geometria;
- ☐ di logica, ragionamento e intuizione (problemi);
- ☐ relativi a grafici, tabelle, previsioni ed equivalenze.

Ho trovato particolarmente belli e/o originali e/o divertenti gli esercizi:

_____

_____

* * *

VALUTAZIONE 1:

VALUTAZIONE 2:

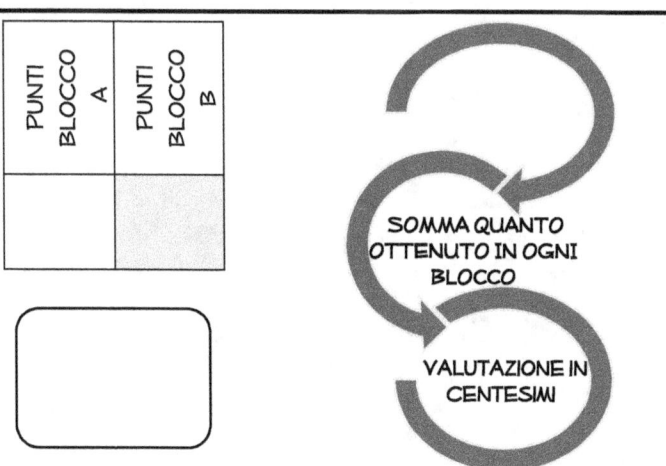

BLOCCO A	CONVERSIONE
0 O 1	0
DA 2 A 6	20
DA 7 A 10	30
DA 11 A 14	40
DA 15 A 18	50
DA 19 A 21	60
BLOCCO B	CONVERSIONE
0	0
DA 1 A 3	5
DA 4 A 6	10
DA 7 A 9	20
DA 10 A 12	30
DA 13 A 15	40

PROVA F

VALUTAZIONE 3: COMPETENZE

NUCLEO TEMATICO	QUESITI AFFERENTI	PUNTI TOTALIZZATI	LIVELLO RAGGIUNTO
NUMERI	F2, F5, F10, F16, F17, F23, F28.	/8	
SPAZIO & FIGURE	F3, F7, F9A, F13, F15, F18, F22, F25.	/9	
RELAZIONI & FUNZIONI	F1, F8, F9B, F11, F12, F19, F24.	/10	
MISURE, DATI & PREVISIONI	F4, F6, F14, F20, F21, F26, F27.	/9	

<u>Livelli</u>: iniziale, base, intermedio, avanzato.

PROVA X

13 TRA I QUESITI PIÙ DIFFICILI DELLE PROVE INVALSI

TEMPO A DISPOSIZIONE: ??? MINUTI ⊕ **ITEMS: 20**

X1) Una bottiglia di vetro, che vuota pesa 260 g, contiene 350 g di succo di frutta mentre una bottiglia di vetro, che vuota pesa 320 g, ne contiene 700 g. Quanto vetro si risparmia confezionando 6 bottiglie da 700 g invece che 12 da 350 g?

A) Risposta: _____

B) Scrivi il procedimento che hai seguito:

_____

_____

_____

[Dalla prova INVALSI 2008 – Classe Terza Secondaria di Primo Grado – Ambito: *Numeri* – Percentuale nazionale di risposte giuste: 20,9%]

⊕ Trattandosi di quesiti difficili il tempo a disposizione non è facilmente quantificabile a priori, potrebbe essere esso stesso oggetto di discussione in classe, avendo lasciato la prova "senza tempo" oppure con un tempo che è determinato dagli alunni stessi (ad esempio quando metà classe dichiara di aver ultimato la prova l'insegnante lascia ancora 5 minuti al resto della classe per concluderla).

PROVA X

X2) Il triangolo ABC è iscritto in una circonferenza di centro O, come in figura.

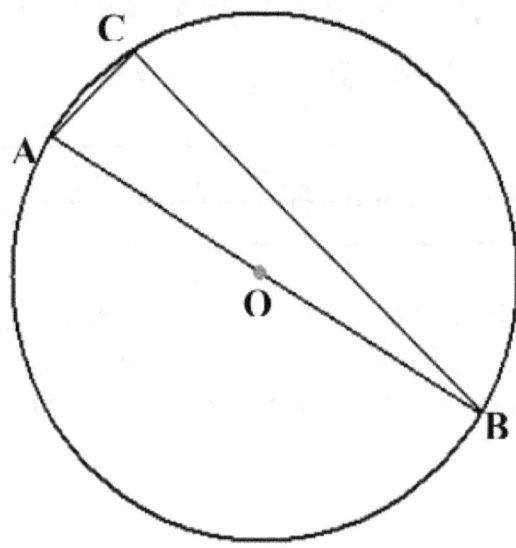

Il triangolo ABC è un triangolo rettangolo?

☐ Sì, perché _____

_____

_____

☐ No, perché _____

_____

_____

[Dalla prova INVALSI 2008 – Classe Terza Secondaria di Primo Grado – Ambito: *Spazio & Figure* – Percentuale nazionale di risposte giuste: 21,4%]

PROVA X

X3) In un test di matematica vengono dati 3 punti per ogni risposta corretta e tolti 2 punti per ogni risposta sbagliata o non data. Le domande del test sono 12 in tutto.

A) Qual è il punteggio massimo che si può ottenere?

Risposta: _____

B) Se Bianca risponde correttamente a 7 domande, che punteggio ottiene?

Risposta: _____

[Dalla prova INVALSI 2012 – Classe Prima Secondaria di Primo Grado – Ambito: *Numeri* – Percentuale nazionale di risposte giuste: a) 77,8% b) 25,6%]

X4) Piero e Giorgio partono per una breve vacanza. Decidono che Piero pagherà per il cibo e Giorgio per l'alloggio. Questo è il riepilogo delle spese che ciascuno di loro ha sostenuto:

	Giorgio	Piero
Lunedì	27 euro	35 euro
Martedì	30 euro	30 euro
Mercoledì	49 euro	21 euro

Al ritorno fanno i conti per dividere in parti uguali le spese. Quanti euro deve dare Piero a Giorgio per far sì che entrambi abbiano speso la stessa somma di denaro?

Risposta: _____ euro.

[Dalla prova INVALSI 2010 – Classe Terza Sec. di Primo Grado – Ambito: *Relazioni & funzioni* – Percentuale nazionale di risposte giuste: 28,1%]

PROVA X

X5) La figura rappresenta lo schema di una pista formata da:

- due archi di circonferenza di raggio 50 cm;
- due tratti rettilinei di 100 cm ciascuno, perpendicolari tra loro nel punto medio.

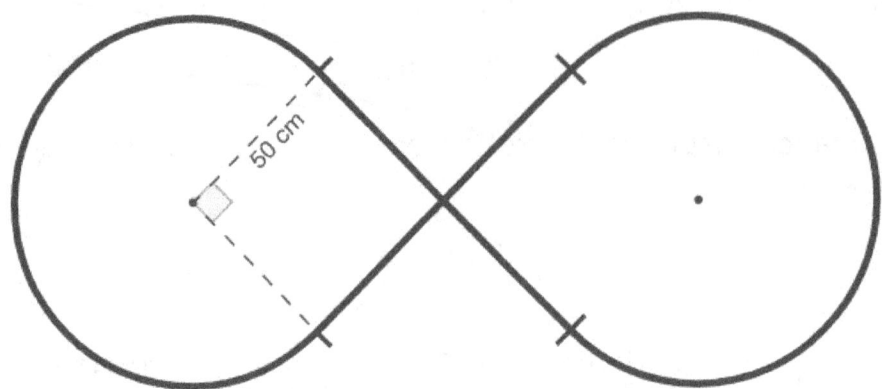

Qual è la lunghezza della pista?

Scrivi i calcoli che fai per trovare la risposta e infine riporta il risultato.

_____

_____

_____

Risultato: circa _____ cm.

[Dalla prova INVALSI 2015 – Classe Terza Secondaria di Primo Grado – Ambito: *Spazio e figure* – Percentuale nazionale di risposte giuste: 8%]

X6) Anna e Daniele giocano con due dadi. Ciascuno tira i due dadi e moltiplica i numeri.

Per esempio, in questo caso 4 · 3 = 12.

Anna vince se il prodotto è un numero pari.
Daniele vince se il prodotto è un numero dispari.

Hanno la stessa probabilità di vincere?

Scegli la risposta e completa la frase.

☐ Sì, perché _____

_____

_____

☐ No, perché _____

_____

_____

[Dalla prova INVALSI 2013 – Classe Terza Secondaria di Primo Grado – Ambito: *Dati e previsioni* – Percentuale nazionale di risposte giuste: 32,4%]

PROVA X

X7) In figura è rappresentata la vasca di un acquario.

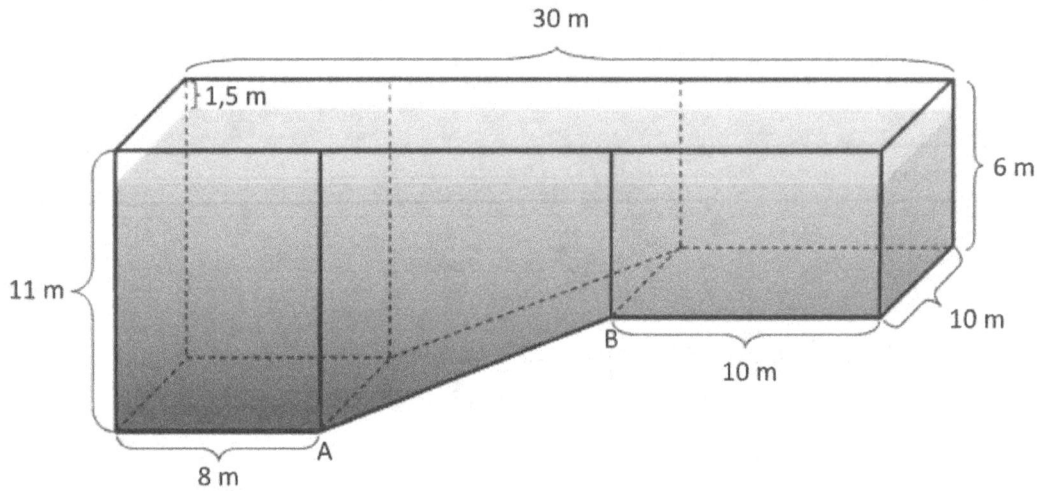

A) Quanto misura AB? Scrivi i calcoli che hai fatto per trovare la risposta e poi riporta il risultato.

___

___

___

Risultato: _____ m.

B) Il livello dell'acqua arriva a 1,5 metri dal bordo della vasca. Quanti metri cubi di acqua mancano per riempire la vasca fino all'orlo?

Risposta: _____ m³.

[Dalla prova INVALSI 2017 – Classe Terza Secondaria di Primo Grado – Ambito: *Spazio e figure* – Percentuale nazionale di risposte giuste: A) 20,6% B)17,3%]

PROVA X

X8) In 3 millilitri d'acqua ci sono circa 10^{23} molecole. Quante molecole ci sono all'incirca in 3 litri d'acqua? (Ricorda che 1 litro equivale a 1000 millilitri).

Scrivi il risultato come potenza del 10 inserendo l'esponente nel quadratino.

Risposta: 10 [......] molecole.

[Dalla prova INVALSI 2017 – Classe Terza Secondaria di Primo Grado – Ambito: *Numeri* – Percentuale nazionale di risposte giuste: 15,3%]

X9) Si versa 1 litro di acqua in ognuno dei contenitori qui rappresentati.

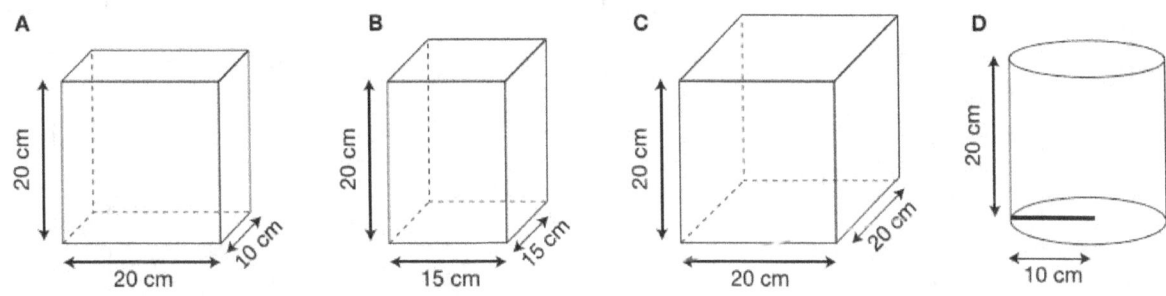

In quale contenitore l'acqua raggiungerà il livello più alto?

☐ A. Nel contenitore A.
☐ B. Nel contenitore B.
☐ C. Nel contenitore C.
☐ D. Nel contenitore D.

[Dalla prova INVALSI 2015 – Classe Terza Secondaria di Primo Grado – Ambito: *Spazio e figure* – Percentuale nazionale di risposte giuste: 19,6%]

X10) Francesco è un minatore. Ogni giorno comincia a lavorare alle 8:00 in una galleria che si trova a 200 metri sotto il livello del suolo. Per risalire ci vogliono 30 minuti e altrettanti per ridiscendere.

Alle 12:00 inizia a risalire in superficie per la pausa pranzo. Alle 13:00 inizia a scendere per tornare al lavoro in galleria, dove rimane fino alle 16:30.

Completa il seguente grafico in modo da rappresentare a quale altitudine si trova Francesco, al passare del tempo, dalle 8:00 alle 16:30.

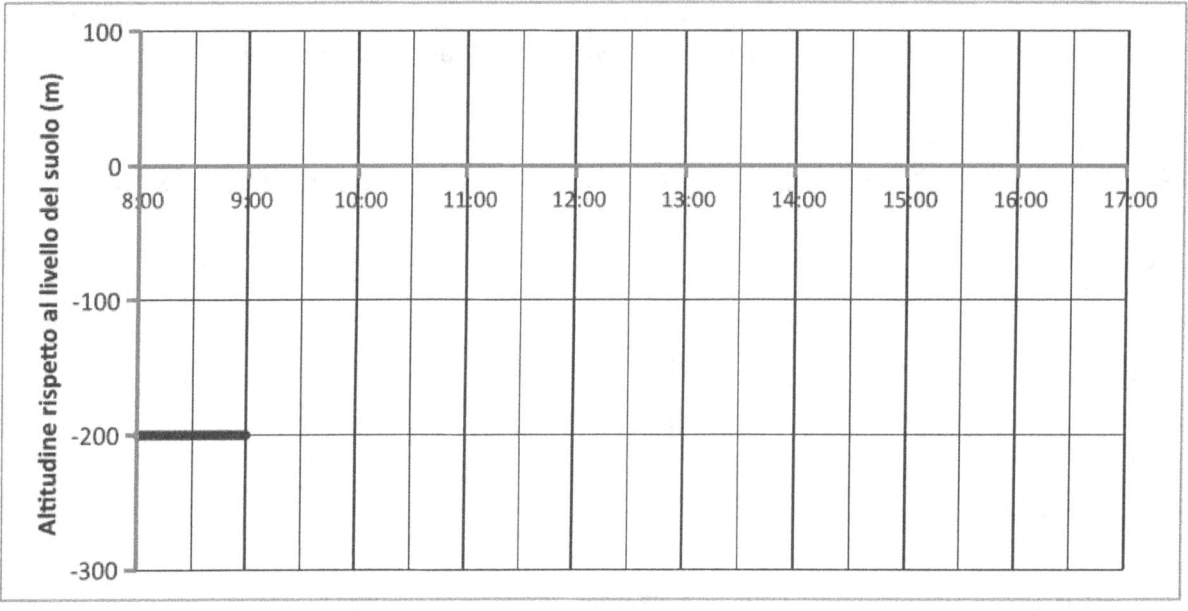

[Dalla prova INVALSI 2017 – Classe Terza Sec. di Primo Grado – Ambito: *Funzioni e relazioni*– Percentuale nazionale di risposte giuste: 38,1%]

PROVA X

X11) In un quadrato ABCD di lato 10 cm è inscritto un quadrato LMNO. I segmenti DO, CN, BM e AL sono uguali fra loro e ciascuno di essi misura 2 cm.

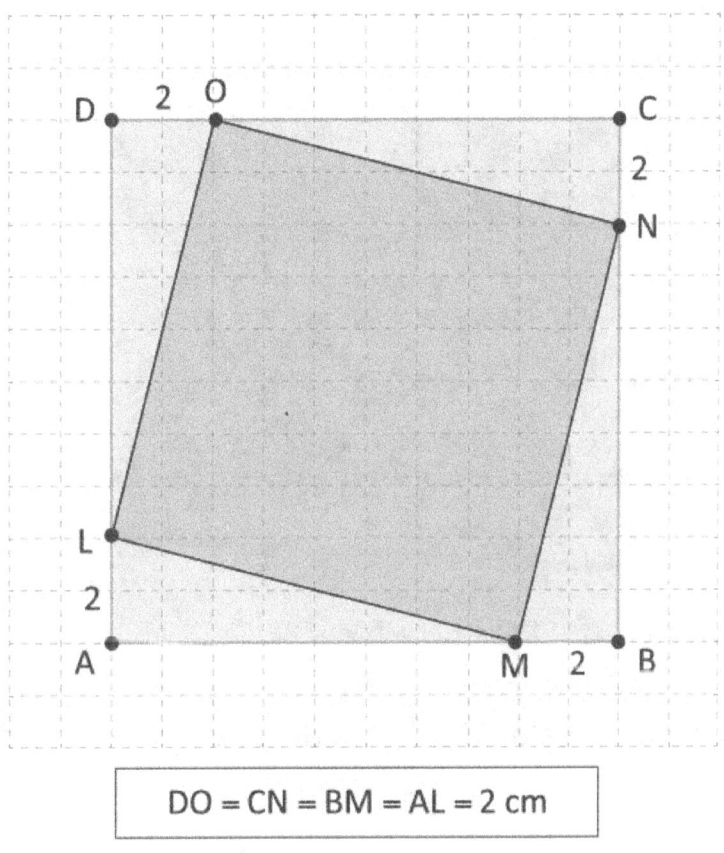

DO = CN = BM = AL = 2 cm

A) Quanto misura l'area del quadrato LMNO?

Risposta: _____ cm².

Immagina ora che i punti L, M, N e O si muovano lungo i lati del quadrato ABCD in modo tale che

DO = CN = BM = AL = x.

Al variare di x varia anche l'area del quadrato LMNO.

PROVA X

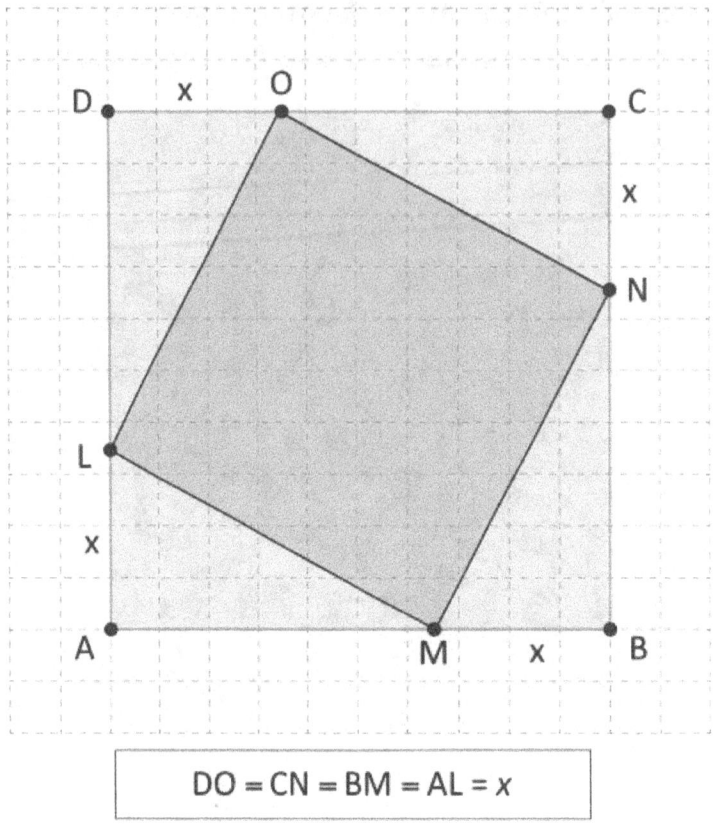

DO = CN = BM = AL = x

B) Per quale tra questi valori di x l'area del quadrato LMNO diventa minima?

☐ A. 1 cm.

☐ B. 3 cm.

☐ C. 5 cm.

☐ D. 8 cm.

[Dalla prova INVALSI 2017 – Classe Terza Secondaria di Primo Grado – Ambito: *Spazio e figure* – Percentuale nazionale di risposte giuste: A) 24,2% B)32,2%]

PROVA X

X12) Quaranta alunni hanno svolto una prova di Italiano e una di Matematica. In tabella sono riportate le frequenze dei voti ottenuti in ciascuna delle due prove: ad esempio, 5 alunni hanno ottenuto come voti 8 in Italiano e 6 in Matematica.

		ITALIANO			
		VOTO 5	VOTO 6	VOTO 7	VOTO 8
MATEMATICA	VOTO 5	0	0	2	0
	VOTO 6	2	7	1	5
	VOTO 7	2	1	3	9
	VOTO 8	0	1	7	0

A) Quanti alunni hanno preso gli stessi voti in Italiano e in Matematica?

Risposta: _____ alunni

B) Quanti sono gli alunni che hanno ottenuto in Matematica un voto più alto del voto ottenuto in Italiano?

☐ A. 7
☐ B. 17
☐ C. 13
☐ D. 8

C) Scegliendo a caso un alunno, qual è la probabilità che abbia ottenuto 5 nella prova di Italiano?

Risposta: _____

[Dalla prova INVALSI 2016 – Classe Terza Secondaria di Primo Grado – Ambito: *Dati e previsioni* – Percentuale nazionale di risposte giuste: A) 58,3% B)48,7% C)28,3%]

X13) Osserva la figura.

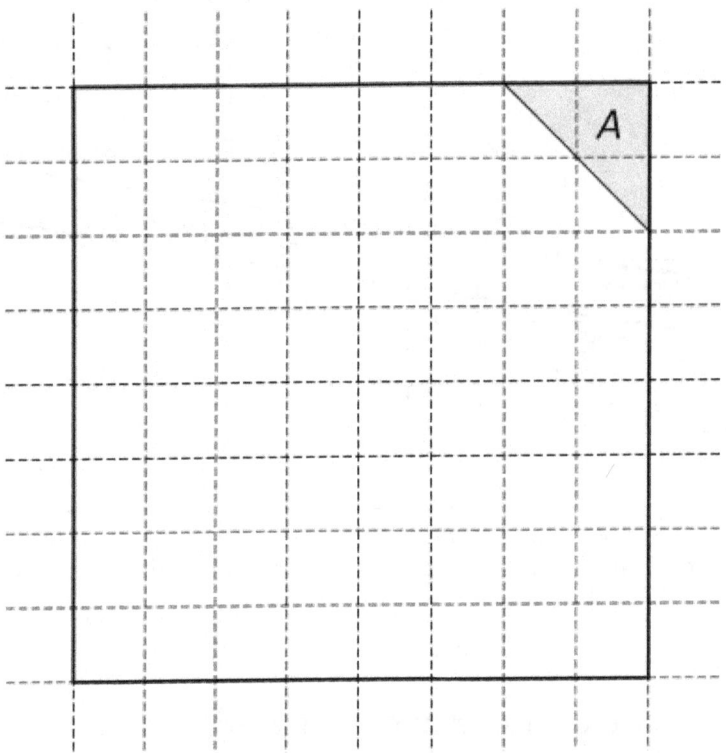

L'area del triangolo grigio A misura 8 m².

A) Quanto misura il perimetro del quadrato?

Risultato: _____ m.

B) Scrivi come fai per trovare la risposta:

_____

_____

_____

[Dalla prova INVALSI 2016 – Classe Terza Secondaria di Primo Grado – Ambito: *Spazio e figure* – Percentuale nazionale di risposte giuste: 28,1%]

PROVA X

AUTOVALUTAZIONE

Gli esercizi della prova erano:

☐ semplici; ☐ della giusta difficoltà;

☐ impegnativi; ☐ difficili.

Penso di essere stato:

☐ in linea con le percentuali nazionali di successo (ossia basse);

☐ migliore delle percentuali nazionali di successo.

Credo di aver compreso perché questi quesiti sono risultati così ostici agli alunni che li hanno affrontati prima di me:

☐ no.   ☐ sì, in particolare secondo me perché:

Ho trovato maggiori difficoltà (anche più risposte):

☐ nella comprensione del testo;

☐ nell'esecuzione dei calcoli;

☐ nel sapere che formule/regole usare;

☐ nel tempo a disposizione.

Il quesito che non ho saputo fare, o che penso di aver sbagliato o che mi ha dato più difficoltà è (anche più risposte):

☐ X1; ☐ X2; ☐ X3; ☐ X4; ☐ X5;
☐ X6; ☐ X7; ☐ X8; ☐ X9; ☐ X10;
☐ X11; ☐ X12; ☐ X13.

VALUTAZIONE

Per questi quesiti la valutazione è più di carattere qualitativo e dovrebbe essere legata ad un lavoro di classe (la nostra classe è stata in linea con le percentuali nazionali o è migliore?). Tuttavia, se vuoi attribuirti un giudizio su questi 10 items, puoi seguire questo schema:

INDICE

NON UNA PREFAZIONE, MA QUASI — 5

PRIMA DI INIZIARE — 7

CORREZIONE E VALUTAZIONE DELLE PROVE — 8

PROVA ZERO: TEST DI ATTENZIONE — 12

PROVA A — 24

PROVA B — 41

PROVA C — 59

PROVA D — 79

PROVA E — 105

PROVA F — 127

13 TRA I QUESITI PIÙ DIFFICILI DELLE PROVE INVALSI — 149

DELLO STESSO AUTORE — 164

DELLO STESSO AUTORE

COLLANA "MATEMATICA A SQUADRE"

- MATEMATICA A SQUADRE: 366 e più problemi delle gare di matematica a squadre per le scuole medie e il primo biennio
- Matematica a squadre: SPECIALE LOGICA
- Matematica a squadre: SPECIALE FISICA & ALGEBRA
- Matematica a squadre: SPECIALE ARITMETICA
- Matematica a squadre: SPECIALE GEOMETRIA
- Matematica a squadre: SPECIALE CONTEGGIO & STATISTICA
- Matematica a squadre: SPECIALE ELEMENTARI

COLLANA "MATEMATICA A QUIZ"

- Matematica a Quiz – vol. 1
- Matematica a Quiz – vol. 2

DI PROSSIMA PUBBLICAZIONE

- Matematica a squadre: I 10 PIÙ BEI QUESITI DELLE GARE A SQUADRE & GARE A TEMA

«Saper ascoltare significa possedere,
oltre al proprio, il cervello degli altri.»

Leonardo da Vinci.

«Uno sforzo continuo - non la forza o l'intelligenza -
è la chiave che sprigiona il nostro potenziale.»

Winston Churchill

NOTE, APPUNTI, CALCOLI

www.ingramcontent.com/pod-product-compliance
Lightning Source LLC
Chambersburg PA
CBHW080913170526
45158CB00008B/2099